Boulangerie Comme Chinois

面包教科书

〔日〕西川功晃 著　赵可 译

南海出版公司

Contents

主厨的话

7类基本面包

7 类基本面包的特征

本书公开做法的 7 类面包，是面包店最主要的基本款。由这些面包的面团衍生出的变化，构成了其他面包。除了这 7 类面包之外，布里欧修面包（brioche）也是非常著名的基本法国面包。此外，本书之所以将意式香料面包（focaccia）列入 7 类基本面包中，是因为最近意式香料面包和比萨面包等风味面包有日渐增加的趋势。

以下就是这 7 类面包各自的美味特征，以及能精确凸显其特征的制作方法。

法国面包

烤透的面包外皮薄脆酥香，中间湿软，整体质地带有透明感。面包的香气及味道有微微的酸味，可以品尝到小麦的甜味和咸味，这就是美味的法国面包（pain traditionnel）应有的感觉。

为了做出如此美味的法国面包，在混合面粉与水的时候，只需略微搅拌。然后再经过长时间的发酵，使面团口感湿软且带有酸味，并散发出香气。

在制作过程中，加入少量老面团（即发酵面团）可以产生香醇湿软的口感。虽然加入老面团会改变发酵状态，使面团的 pH 值变得不稳定，但只要操作熟练，就能控制。而且，加入老面团，对面包的其他品质也有相当大的影响。

乡村面包

品尝这种乡村面包（pain de campagne）可以享受到湿软的口感及酸味带来的美味。它和法国面包一样，在制作面团时不需要过度揉面就可以进入发酵阶段，但需要比较充足的烘焙时间。可以敲敲面团的顶部，如果感觉比较干硬，即表示烘焙完成。

面包中用到的天然酵母是我 10 多年前在其他面包店工作时制作的（见第 48 页），现在更新之后继续使用。天然酵母的品质会因为环境变化而变得不稳定，有时甚至会受到烘焙者的影响，是一种相当敏感的东西。现在所用的天然酵母也是

→ 法国面包
　略微搅拌
　充分发酵
　加入少量老面团

→ 乡村面包
　使用天然酵母
　略微搅拌
　充分发酵

经过 1 年时间才习惯了我的厨房。我对长时间培养出来的天然酵母有着深厚的感情，而且使用这些天然酵母烘焙的乡村面包，更有面包店的"气质"。给面团整形时，就仿佛是在抚摸孩子；切割面包成品时酥脆的厚实感，也和其他面包大不相同。

每天都可品尝到不同的滋味，是乡村面包的一大优点。虽然面包最初带有强烈的酸味，但酸味会慢慢变得柔和。切法也大有学问，刚烘焙好的乡村面包要切成厚片，随出炉时间延长要越切越薄，这才是品尝美味之道。例如，西班牙的西红柿面包（pan con tomate）就是在切成薄片的烤面包上涂抹蒜汁，再浸泡熟西红柿的汁。想要品尝放了一段时间的乡村面包的美味，这是值得推荐的方式。

黑麦面包

黑麦面包（pain de seigle）看上去很厚重，我将其略微简化，让面包显得不那么厚实，这是本书介绍的黑麦面包的特色。但如果制作得过于轻软，又会失去黑麦面包应有的风格，所以还要保留黑麦的朴实感。

黑麦面包使用的是蛋白质含量较高的面粉。另外，如果发酵时间太长，酸味会太重，因此我的方法是缩短发酵时间，并放入老面团，使酸味降至不太浓的程度。此外，即使是黑麦面包也要重视面团的湿软感，可以多放一些水并提前做好准备工作，制作出柔软的面团，呈现湿软的口感。

→ 黑麦面包
使用蛋白质含量高的面粉
略微缩短发酵时间
加入少量老面团
前一天就将水与面粉混合
备用

吐司面包

制作吐司面包（pain de mie）的重点在于烘焙。为了使吐司面包的外皮口感香酥，一定要慢慢烘烤。

由于吐司面包是常见的面包品种，为了让它更加丰富，我加入了一些变化。例如加入蔬菜或香料，希望能为吐司面包增添些许新意。

本书介绍的吐司面包的面团非常柔软，这是因为没有过度揉面，而是更重视面团的味道及香气。而且，很多吐司面包中加了蔬菜，蔬菜本身的水分会使面团更湿润。

→ 吐司面包
不要过度揉面
慢慢烘烤

意式香料面包

我理想中美味的意式香料面包是筋道且散发着橄榄油香气的面包，橄榄油还可以引出食材的香味。

为此，我使用了蛋白质含量较低的面粉，希望能呈现面包酥脆、筋道的感觉。揉入面团中的橄榄油使用到一定分量，就可以增添面包的口感及香味。

在各类基本面包中，意式香料面包的面团非常有用。所谓有用，是指它能够搭配各式各样的食材，非常方便。由于它盐分不高，可用来做三明治，也可以在

→ 意式香料面包
使用蛋白质含量低的面粉
将足够的橄榄油揉入面团中

揉面时混入其他食材,效果都很理想。而且它不容易被烤成褐色,可以凸显食材本身的颜色。如果没有意式香料面包,面包店的食材组合,或许就不会像现在这么多样化了。

可颂面包

可颂面包(croissant)是一种可以享受面团美味的面包。

本书介绍的可颂面包带有酥松的口感。这是因为面团折叠的次数少,奶油的味道及香气会更加浓郁。相反,折叠的次数多,就会制成口感较为绵软的可颂面包。要制作哪一种可颂面包,全凭个人喜好。我自己不太喜欢绵软的口感,觉得那样的折层多而薄,反而无法做出口感好又香气浓郁的可颂面包。

本书介绍的尼可拉可颂,正好能呈现可颂面包的优点:面包中间口感松软,外皮很酥脆,香气与味道俱佳。这样的可颂面包是最棒的。

丹麦面包

我做的丹麦面包(danoise),尤其是加水果烘焙的丹麦面包,许多顾客都觉得很有特色。因为面包要在常温下出售,水果一定要经过烘焙。但烘焙会使水果流失水分而变得干燥,因此烘焙时间必须经过计算,而且表面一定要涂透明果胶。这就是面包店使用新鲜水果来做面包的难处。不过,虽然费工夫,但水果面包摆在店里相当亮丽抢眼,深受顾客喜爱。

有关丹麦面包,我认为面包的面团部分好比"容器",要能烘托食材,又不至于喧宾夺主。因此,我选择人造奶油(margarine)作为摺入面团中的油脂。要发挥食材本身的美味,未必一定要用奶油。人造奶油由于是植物性油脂,清爽又没有结块,不会遮住食材的美味,而且又具有稳定性高的优点,可以说是增添美味的得力助手。

→ 可颂面包
面团折叠 2 ~ 3 次
摺入面团中的油脂为发酵奶油

→ 尼可拉可颂
是我独创的面包

→ 丹麦面包
面团折叠 3 次
摺入面团中的油脂为人造奶油

将食材与基本面团搭配,就可以延伸出无限变化

以基本面团为基础来制作各式各样的面包时,必须先考虑好要如何享用食材,如何展现食材的特性(形象),再以此为出发点来制作面包。

食材的使用方法

制作面包时应该先考虑怎样在面团上表现食材的特性。

根据面包外观的不同,使用食材可以分为"盛放"、"包卷"和"揉入"这些不同的方法。

"盛放"，是将面团当成底座，把食材摆放在上面，人们可以直接品尝食材美味的一种方法。

"揉入"，是将面团的口感与食材的特性充分融合，可以享受两者合为一体的美味。

"包卷"，比"揉入"更能对食材有直接的感受，例如后面介绍的蔬菜面包（见第92页）。

说得简单一点，"包卷"好比寿司，"揉入"好比拌饭，"盛放"好比盖饭。

至于揉入时的具体做法，有时需要混合均匀，有时只需大略混合即可。例如黑芝麻方形吐司（见第80页），芝麻虽然没有与面团充分混合，但这种做法更能凸显芝麻的香味。

→ 半干燥水果
比完全干燥的水果有更多的水分，容易融入面团中，且烘焙后仍能维持水嫩柔软的口感。

→ 水果干
蓝莓、蔓越莓

食材的分量

食材的分量要充足。如果分量不足以让人充分品尝，食用后就不会感到满足。如果力求口味清爽，可以放入少量食材。不过，我的做法一般是放入大量食材，让顾客得以充分享用。

→ 橄榄油

例如，葡萄干面包（见第47页）就放入了大量的葡萄干。一般来说，大量葡萄干会吸收面团的水分，使面包变硬，但我在面团中加入水，使这款面包能烘焙出绵软的口感。虽然其中的分量拿捏相当困难，但我觉得这种新做法非常有趣。相反，像西红柿干或干香草等味道浓郁的食材，如果要与其他食材搭配，就要先切碎，再少量使用。例如洋梨橙皮丹麦面包（见第135页），为了凝聚淡雅的洋梨香味，特别加入了少量切碎的柳橙皮。想让这种味道一入口便可尝出，还是要吃到最后才留下余味，全视加入的橙皮分量而定。

设计、装饰

外观的设计相当重要，目的在于让人第一眼就感受到面包的魅力。面包呈现扭转或弯曲的形状、表面的割痕烘烤后裂开的样子、烘烤的色泽深或浅，都是设计的一部分。

→ 模型
用厚纸板做出各种模型，并在把手处安上夹子。以葡萄酒杯、鱼、星星等简单明了的形状为宜。

红酒面包上有葡萄酒杯的图案（见第45页）。做法是用厚纸板做出酒杯形状的模型，放在面团上，再撒上面粉即可。这些纸做的模型看似不起眼，却能在面包的外观上扩展想象的空间。我喜欢动脑思考这种能为面包增添乐趣的点子。

我觉得面包的味道并不会因为变换花样而有所改变，但面包的外观就如同CD的封面一样，即使里面的曲子相同，如果将爵士乐CD的封面换成轻音乐的，可能就会让一部分人打消购买的念头。因为对于要买CD的人来说，封面也是CD的一部分。对基本面包和花样面包喜好不同的顾客，应该也有相同的想法。

从捏塑到烘焙，靠自然之力完成全部工作

我希望尽量以自然而不强求的方法来制作面包，这也算是一种坚持。为此，各阶段的做法如下。

准备工作

有些面包的准备工作阶段利用了"自动结合法"。例如法国面包或乡村面包，只要先将面粉与水混合，放置 30 分钟后，即使不揉面，面团也会开始自动形成。

此外，如果前一天将黑麦与水混合备用，能使面团的 pH 值下降。pH 值下降会更容易出面筋（gluten），也就是使面团的结合状况变好，变得更容易发酵。这种让时间来改变面粉特质的准备工作相当有效。

最后加盐法

在混合材料时，最后再加入盐。这种方式可以使面团只需揉一会儿便能充分结合。我认为与其用手揉，不如让面团自然结合，这样效果会更好。

分割

要将完成第一次发酵的面团视为成品小心地处理，并依据面团的部位来分别使用。面团的两端黏性较小，可用来制作细长的法国面包等；而又圆又大的山形吐司面包或是硬吐司面包，就应该用面团中央比较厚实的部分制作。

→ 分割
将面团的两端与中间部分分开使用。

静置发酵

将面团静置一段时间充分发酵，可以增添绵软的口感及厚重感。相反，如果想要酥脆的口感，就不需静置发酵，将面团大略整形之后，进行第二次发酵即可烘烤。

在烘焙书中，有时会标明要将面团的收口"朝上"或是"朝下"。例如，巴塔面包（batard）的面团在静置发酵时，就是将收口朝上。收口朝下的话，面团必须费力伸展，因此会有黏性。收口朝上，面团伸展的阻力减小，就不会黏性过大。但是，同样属于法国面包的皇冠面包（couronne），其面团在静置发酵时，收口则要朝下。收口的朝向，全由各种面包想要呈现的味道而定。

→ 静置发酵
根据面包想要呈现的口感来变换收口的朝向。
图片中是巴塔面包的静置发酵阶段。面团的收口要朝上。

整形

初步整形只要将面团轻柔地团起，不需要过度排出里面的空气。一般来说，

整形多半是将面团塑成圆形或使其更结实。轻柔地使面团大略成形，可以缩短第二次发酵的时间。因为，如果将面团揉得很紧实，再使面团膨胀至一定大小，就需要花费较多的时间。反之，只是轻柔团起的面团，可以轻易地膨胀。但并非所有面团都适用这种方式，就像前面说的收口朝向一样，面团整形的方式也要根据面包想要呈现的味道而定。

烘焙

烘焙的第一要务是使烤箱的下火切实发挥效能。为了让面团的黏性最小而做出的面包很难看起来有厚重感，但是借下火的强度或是烘焙的时机，仍然可以做出敦实的面包。

请看巴塔面包的图片（见第 16 页）。烘焙后的成品自然朴实，是最理想的形状。

→ 整形
根据面包想要呈现的口感，来调整整形方法。

→ 烘焙
使下火切实发挥效能。

选用品质优良且容易操作的器材、面粉及食材

面粉及食材是左右面包味道的主要因素。同时，机器及其他用具也是让面包制作成功的重要因素。在制作面包的过程中，借助机器可以大大提高工作水准。

搅拌机

本书用到了 2 种搅拌机，一种是螺旋搅拌机（spiral mixer），另一种则是垂直搅拌机。螺旋搅拌机搅拌时，不会增加面团的黏性；垂直搅拌机则会在搅拌的同时增加面团的黏性。如果想制作法国面包或乡村面包等口感酥脆的面包，螺旋搅拌机就非常适合。如果只用垂直搅拌机来制作法国面包，面包的黏性就会很强。相反，吐司面包、黑麦面包、意式香料面包等品种要使用垂直搅拌机来制作。

面团调整机

面团调整机兼具冷冻、冷藏、发酵的功能。只要有这台机器，就能控制酵母发酵。不过，冷冻功能只能设定在约 −10℃，因此为了应对需要急速冷冻的情况，就要在旁边放置能降温至 −20℃的冰柜。

烤箱

最好选择蒸气和火力都很强大的烤箱。

蒸气及火力强度会因烤箱的型号而有很大差异。如果烤箱的火力太弱，烘烤出来的成品无法呈现预期的效果。有些烤箱专门用来烘烤硬式面包，而有些烤箱

用来烘烤硬式面包又嫌蒸气不够，理想的烤箱真的很难找。

本书使用的烤箱，我称之为"多功能烤箱"，它最棒的一点就是拥有烘焙硬式面包所需的强劲蒸气及上下火。它的火力非常强大，密封性也很好，因此可以烘烤出中间湿软的面包。

无论是吐司面包、硬式面包或是风味面包，都能够用它来完成烘焙，可以说是"全能烤箱"。

其他用具

用来划开面团表面的刀片，使用时要注意弧度。可以将木筷子切薄，穿入刀片中。不过木头有弹性容易损坏，所以我最近都用铁棒来代替。

如果需要划痕深一些，刀片的弧度就要小；划痕浅的话，刀片的弧度则要大。

面粉

在设计一种面包时，必须考虑这种面包适合用哪一种面粉，以及这种面粉有多大的变化性。也就是说，面包要呈现出怎样的感觉？要加入哪些食材？要达到怎样的口感？考虑好这些问题后，再选择符合这些特性的面粉。

面粉是面包的主要构成材料，因此，选择面粉也是最重要的。我在本书中提出了一些面粉的搭配组合方法。虽然只是单纯的比例变化，简单易学，但烘焙的结果可能会因气温及湿度不同而有所改变，因此在制作时可能需要做微量调整。

→ 酵母
鲜酵母

酵母

本书使用的酵母有鲜酵母、干酵母、即发酵母 3 种。

鲜酵母可以烘焙出湿软的面包，适合用于放入砂糖及鸡蛋的面包。此外，耐冷冻也是鲜酵母的特色。

干酵母的发酵力是慢慢增强的，适合用在需要长时间发酵的面包上。由于含有死灭酵母，因此可以使面包的味道更加芳香浓郁。不过，在准备发酵时会比较费工夫。

干酵母

即发酵母可以使面团轻松完成烘烤。它的发酵力很强，从捏塑面团一直到最后的整形，都可以保持强劲的发酵力。也适合用在加有大量鸡蛋及砂糖等材料的面包中。

只要将这 3 种酵母按以下的比例换算，无论使用哪一种酵母，

即发酵母

都可得到几近相同的发酵力。

如果干酵母的分量为 1 的话，鲜酵母就是 2，即发酵母则是 0.5~0.6 的分量。例如使用 6g 干酵母，换成鲜酵母就要使用 12g，而换成即发酵母则要使用 3g。

→ 换算比例
干酵母 1
鲜酵母 2
即发酵母 0.5 ~ 0.6

天然酵母

本来，即发酵母也算天然酵母。但现在所谓的天然酵母，是指让水果或蔬菜等含糖食材发酵，通过空气中所含的细菌培养之后产生的。

本书是将培养好的天然酵母液加入面粉（面团）中做成发酵面团，以后做面包时再加面粉更新就可以了。

→ 天然酵母
做法（见第 48 页）

不过，这一做法不仅限于使用天然酵母来制作面包，而是更希望利用天然酵母来使面包呈现特殊的风味，制作出散发着乳酸发酵后的酸味和甜味、口感湿软的面包。所以，我有时也会一边用酵母来使面团发酵膨胀，一边加入美味的天然酵母来增添面包的风味。 也可以说，我将天然酵母视为面包调味过程的一部分。

盐

盐会大大影响面包的味道。我制作面包时用的是天然盐，咸味不会维持太久，甜味反而会留在口中成为余味，这就是天然盐的优点。我也是以这样的观点来选择盐以外的食材。

→ 盐
（左起）
天然盐
有机盐
遵循古罗马时代的制法制成，呈淡灰色，矿物质含量丰富，味道温和。
盐花
撒在面团或配料上。

畅销，是唯一的结果

有时我会想，不管面包畅销不畅销，只要一直做下去就好了，只要烘焙出自己喜欢的面包就好了。但是，这样做的话，一定会非常无趣。因为在制作面包的同时，必须要慎重考虑销售的问题。

→ 奶油
→ 橄榄油

安排时间上煞费苦心

凌晨 2 点左右，开始有员工来面包店里上班。而打烊的时间则是晚上 11 点。在这期间，基本面包和风味面包都会陆续烘焙出炉。

例如派或是法式吐司等不需要发酵的面包都是在前一天晚上

→ 黑葡萄醋 (balsamico vinegar)

→ 脱脂奶粉

就准备好，最先到店上班的员工，就可以开始烘烤。

后来到店的员工则一边观察发酵机的状态，一边开始烘烤其他面包。约一半的员工负责甜面包的装饰与烘焙，其余员工则负责制作硬式面包。中午时，甜面包卖得较好，空出来的空间就可以让硬式小面包和硬式大面包陆续上架。

许多时候，面包店也会视销售状况临时插入一些没有预先计划的面包来烘焙。

基本的面包制作顺序从需要长时间发酵的硬式面包开始，其他面包则要考虑可能摆在架子上的时间来准备。例如可颂面包及丹麦面包这 2 种，有时候在前一天已经完成从准备到整形的工作。整形之后，就立刻放入设定为冷冻功能的面团调整机中。冷冻并不会杀死酵母，只是会冻结酵母的活力，让发酵停止。晚上 10 点至 11 点，将面团调整机的功能由冷冻切换为冷藏，慢慢解冻，使酵母逐渐活跃起来。到凌晨 2 点至 3 点的时候，再将面团调整机的功能由冷藏转为发酵，温度一旦上升，酵母就会开始让面团发酵。像这样在前一晚就整形、利用夜间发酵的面团，到早上 5 点或 6 点，就可以开始烘焙。

销售

销售，就是在整个面包制作过程中完全没有失误之后的唯一结果。

举例来说，我工作的面包店并非位于居民区，顾客想买面包必须特地走一趟。因此，我们一定要制作出别家店没有的面包，才能吸引顾客光临。通过实际销售，我们改变了面包的形状。

刚开始的时候，我制作的丹麦面包很大，上面还放着许多配料。由于面包看上去醒目又魄力十足，刚开始卖得很好。但我太太说："根本不需要做得那么大。"我才开始思考面包尺寸大小的均衡美感。现在，我的丹麦面包越做越小了。像这样的改变，顾客并没有察觉，也没有提出任何意见。我认为制作者必须比顾客早一步察觉到应做的改变。我想，不仅是丹麦面包，其他各式面包今后也将经历阶段性的摸索而会有所改变。

有一位经常光顾的客人告诉我，他在我们店会买各式各样的面包，唯独不会买吐司面包。问其原因，他说经常去的一家面包店的吐司面包，在涂上果酱或奶油之后非常美味，但我们店做的吐司面包好像和其他东西格格不入。我很在意这件事，就特地到他说的那家店买了吐司面包，那是加入鸡蛋及奶油的吐司面包，配料更丰富，品尝后我就理解他说的话了。不知是不是受到这件事的影响，前几天，我试做了新的吐司面包。这是我在思索小麦粉的使用方法时，无意中做成的面团，而利用这个面团烘焙出的吐司面包非常棒。我立刻请那位顾客尝尝看，他吃过之后的反应是："这很好吃！"

某一天
4：00

5：00

6：00

8：00

12：00

16：00

新面包的形态

我想制作出可以成为基本面包的面团，同时也是和目前所有面团都不一样的全新面团。这并不是随心所欲即可完成，而是要掌握基本原则，考虑面团的特质来设定配料的比例、面粉的搭配组合等，才能够制作出拥有全新口感的面团，并以此为基础来衡量风味面包的做法，我是乐在其中。

我也曾经想过要创造面包的新吃法。我希望面包不只是附加在菜肴旁边的主食，目前我正在思索如何让面包本身进入菜肴中，成为一种新的吃法。

我还有一个梦想。曾经有顾客想以"生日面包"来代替生日蛋糕，也有顾客想将旅游中看到的美丽画面制成面包送给父母。我希望能满足他们的需要，制作出新的面包。所谓的专家，就是不断累积这样的经验而锻炼成的。

我很幸运能处在今天这个时代，现在，面包店已经可以慢慢进行各种尝试。我也希望，自己能够在维持面包基本优点的同时，努力创造出全新的面包文化。

20:00

旁边的咖啡店

本书的使用方法

·本书内容是依照我的实际做法记录的，各项操作的时间及温度会因条件不同有所区别。请将书中刊载的数值当成参考标准，视面团的情况来制作。

·材料的分量为根据面粉算出的易于操作的比例数值。实际制作时，请配合实际情况酌量增减。此外，图片中的成品并不一定是以材料表中的分量做成的。

·根据各种面粉的特质及湿度、气温等条件的不同，面团的吸水率也会有所不同。材料中的水量可上下调整3%~5%的分量。

·烘焙前使用的橄榄油、盐、糖粉、亮面果胶等，有一部分省略未列入材料表中。

·将面粉与水混合时，为使读者一目了然，图片中是将水倒入面粉中。但实际操作时，是先倒水再倒入面粉，这样比较容易搅拌，面粉不会结块。

·揉面时，为使读者一目了然，图片是将搅拌机的盖子打开拍摄的。

·面团分割后的滚圆、静置发酵、第二次发酵的工序中，书中有将面团收口"朝上"或"朝下"放置的说明。但这只是我的做法，并非定律，实际操作时要视面包的口感而定（见第8页）。

·各项操作所需的时间标在各页下方，是所需的最少时间。

Pain Traditionnel

法国面包

仅以面粉、水、盐、酵母制成的法国传统棍形面包，就是所谓的法国面包。表面酥脆而中间湿软，是最理想的法国面包。我在制作法国面包的过程中非常重视香酥的口感。法国面包依粗细、长短差异而有巴塔（batard）、长棍（baguette）、库贝（kupe）、巴黎式（parisien）等不同的名称，这里介绍的是巴塔面包的基本面团。

法国面包　基础型
巴塔面包

　　巴塔面包是硬式面包的代表。加入发酵面团，经过略微搅拌、长时间发酵、缓慢烘焙等整个过程，就可以呈现表面酥脆、中间湿软的口感了。

[材料]

中筋面粉　1000g
水　680~730g
盐　20g
干酵母　6g
维生素 C　1g
麦芽糖　2g
发酵面团　150g

※制作时用的维生素 C 是将维生素 C 粉末（1g）溶于水（200ml）中制成的溶液。

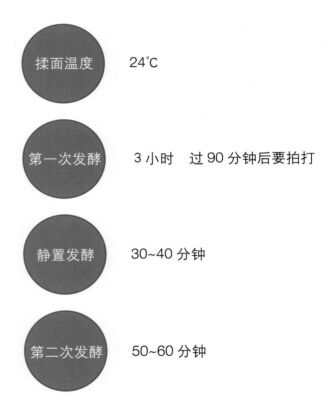

揉面温度　24℃

第一次发酵　3 小时　过 90 分钟后要拍打

静置发酵　30~40 分钟

第二次发酵　50~60 分钟

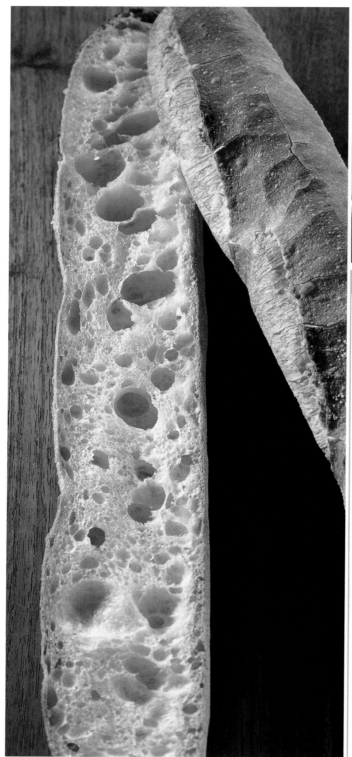

准备工作

1

用搅拌机混合面粉和水。

慢速搅拌 2 分钟。

搅拌

为了使读者一目了然，图片中所示是将水倒入面粉中，不过，先倒水再倒面粉更容易搅拌（所有面包均是如此，见第 14 页）。

中途停下搅拌机一两次，将手伸入盆底帮忙搅拌。

00:02:00

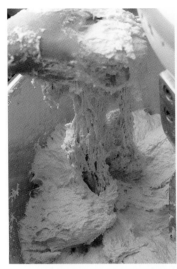

准备发酵

2

搅拌至图片所示的程度后,覆上保鲜膜以免面团变干,静置15~20分钟。

检查面团的状态

用手抓起面团往上拉,面团呈现撕裂状即是搅拌得恰到好处。如果搅拌过度,会导致面筋断裂,准备工作就失去意义了。

搅拌好的面团在夏季时需放入冷藏室保存,冬季置于室温下即可。

3

将干酵母和很少的砂糖倒入盆中,加入水(干酵母的3倍分量)[图a]。用打蛋器充分搅拌 [图b]。

使酵母发酵

砂糖按实际操作时的材料分量来添加。

完成搅拌的状态。

仔细搅拌以免干酵母结块,而且要确认盆底是否还有未溶解的干酵母。

以隔水加热的方式进行发酵。

隔水加热以38℃~40℃最为适宜。

夏季要大量发酵时不需隔水加热,在冬季及少量发酵(如本例)时则需隔水加热。

00:15:00

00:20:00→

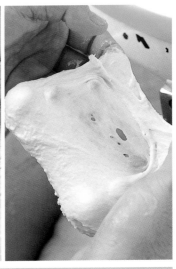

揉面

4

放置 20 分钟，酵母液的体积约可膨胀为原来的 2 倍。

酵母发酵完成

确认是否呈现摩丝状的柔细泡沫。

如果中间凹下去，表示发酵过度，会造成面团无法膨胀，最好用新酵母重新发酵。

5

将麦芽糖、维生素 C、发酵面团（法国面包的老面团）加入静置过的面团中，再加入完成发酵的酵母一起搅拌。

搅拌

将材料一滴都不浪费地全部加入面团中。

发酵面团即是老面团。（如果要重新制作，做法见第 64 页）。

6

放盐后慢速搅拌 3 分钟。

放盐搅拌

最好在第 5 步加入酵母搅拌完成后再放盐。如果没有搅拌完就放盐，会使发酵状况变差。

7

将面团拉出薄膜，如果出现破洞，即表示揉面完成。

检查面团的状态

一定要用手触摸确认。面团即使凹凸不平，只要呈现出像纸一样的透明感即可。

←00:20:00   00:03:00

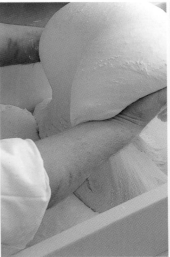

第一次发酵			分割

8

将面团放入浅盘中,再放入发酵机静置3小时。过大约90分钟取出面团。图片所示即为大约经过90分钟发酵后的面团。

放入发酵机中

将发酵机的温度设定为38℃,湿度设定为65%。

9

将切面刀插入浅盘与面团之间,拿出面团。将面团一分为二,用手拍打。拍打过后再放回浅盘中,用发酵机继续进行第一次发酵。

拍打

借拍打来给面团换气。拿起面团时,做卷起来的动作使空气进入其中,这样会使面团的表面更有弹性。

弹性
空气
从侧面看面团

尽量少用手粉,并注意不要让手粉进入面团中。

10

总共花3小时完成第一次发酵的面团。

为了方便分割面团,可先在浅盘中将面团分成两半。撒上手粉之后,用切面刀将面团从浅盘中取出。

完成第一次发酵

工作台也要撒上手粉。

11

分割成各重350g的面团。

我的做法是先将面团分成8cm宽的细长块,再切成各重350g的面团。这样先分割出基本大小,更容易操作。

分割

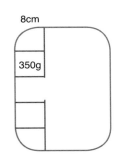

8cm

350g

此外,面团可分成几类分别使用,两端无黏性的部分适合制作细长的面包或小圆面包,靠近中央比较有弹性的部分适合制作黏性强的巴塔面包等。

03:00:00			
00:90:00	拍打	00:90:00	

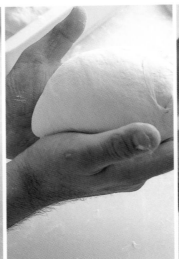

12

将面团轻轻卷起,像是要将空气包进去一样。

卷好后将收口朝下放置。

用手掌从上往下压紧面团,使面团表面弹力十足。

让面团收口朝下,揉成一个漂亮的圆形。

滚圆

根据当天面团的状态,调整滚圆的紧实程度。如果面团黏性较小,就要整个卷圆;如果面团黏性已经很强,只要轻轻卷一下即可。

一边撒手粉一边卷,以免面团粘在工作台上。注意不要将手粉卷入面团中。(面粉进入面团中,可能会造成面团破裂、膨胀状态变差,或是整个面团不光滑等情况。)

a

b

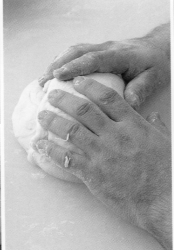

静置发酵	整形		

13

将面团收口朝上,放入撒有手粉的浅盘里 [图 a]。盖上盖子或覆上保鲜膜,以免面团变干,静置发酵 30~40 分钟。(图 b 为静置发酵后的面团。)

静置 发酵机设定的状态与第一次发酵相同。

14

将面团从浅盘中取出放在工作台上,收口仍然朝上,将面团揉成看不出收口的样子。

整形 尽量少用手粉,并注意不要让手粉进入面团中。

用手掌拍打面团。

排出空气。

这一步可以排出大气泡。

00:30:00

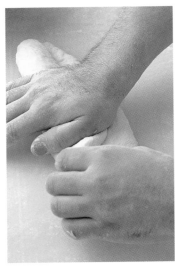 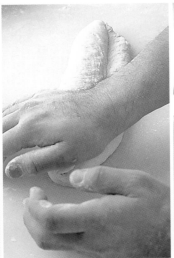  

将面团折叠一次。用一只手的拇指折起面团,再用另一只手的手掌根部按压面团。

注意不要使空气进入面团中,最后再按压紧实。

再将面团折叠一次,一边折一边向内卷。

面团表面有弹性,已接近成形的状态。

折叠时,将一只手的拇指伸入面团中,用另一只手的手掌根部按压面团。面团不只要折起,还要向内卷。注意不要让空气及手粉进入面团中。

一边排出空气,一边再次折叠面团,把面团向内卷,让面团表面弹性更好。由于没有过度用力,可以制作出柔软的面团。

< 面团的切面 >

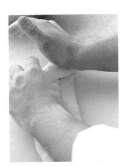

如果没有向内卷,面团就会破裂。

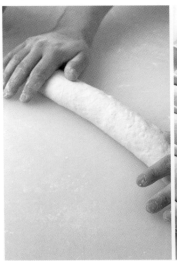

	第二次发酵	烘焙	

	15	**16**	**17**

将面团轻轻揉开,长度调整为35cm。

将手粉撒在帆布上,放入面团后将布拉近,整体放入发酵机中,让面团进行第二次发酵。图片所示为发酵后的面团。

将面团摆在烘焙布上,表面撒上面粉,用刀片划出纹路。

图中为面团烘焙前的状态。将烤箱设定为上火250℃、下火220℃,先加热至冒出蒸气再放入面团。放入面团后,将上火调为240℃,冒出蒸气后再烤25分钟即可。

面团卷完时几乎就这么长,只需再调整约2~3cm即可。

放入发酵机中 将发酵机的温度设定为38℃,湿度设定为55%~60%。

划出纹路 用刀片在面团表面划出纹路。略微干燥的面团能划出更漂亮的纹路。

烘焙 表面划出的纹路最好是曲线,这样能让烘烤出的纹路更漂亮。

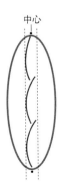

	00:50:00		00:25:00

用法国面包的基础面团制作的 5 种变化款面包

皇冠面包（见第 28 页）   长笛面包（见第 31 页）

上：洋葱培根面包（见第 29 页）

下：橄榄面包（见第 30 页）

硬式吐司（见第 32 页）

法国面包　变化款 1
皇冠面包

这是容易烤透的皇冠形法国面包。用手指及手肘做出圆圈状的面团后，在中间的洞里放上杯子，以免因发酵作用将圆洞补上。

[材料]

法国面包的基础面团

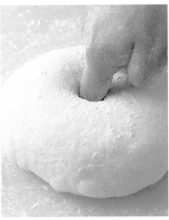

[做法]

揉面
按照法国面包基础面团的做法（步骤1~7）制作面团。

第一次发酵
3 小时。90 分钟后要拍打。

分割
分割成各重 400g 的面团。滚圆后将收口朝下放置。

静置发酵
30~40 分钟。

整形
修整成皇冠形。请参照下面的步骤 A~C。

第二次发酵
50~60 分钟。

烘焙
以上火 250℃、下火 220℃烘烤 20 分钟。喷 2 次蒸气。请参照下面的步骤 D。

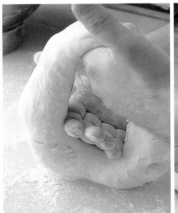

第二次发酵

A
用切面刀将面团由浅盘中取出，收口朝上放置。注意不要损坏面团，不需排出空气。将四周的面团往中间揪，重复数次，使收口集中在面团中央。

B
在收口朝上且滚圆的面团上撒面粉，把面团翻过来，再撒上面粉，用手指在面团中央戳一个洞，再用手肘将洞撑大。

C
将手伸入洞中，一边转面团一边将洞撑大。注意要使面团粗细均匀。如果出现大气泡要用手指弄破，到面团的形状像甜甜圈一样就可以了。将面团放在烘焙纸上，并在洞里放一个杯子。

烘焙

D
图中为面团第二次发酵后的状态。拿去杯子，以上火 250℃、下火 220℃烘烤 20 分钟。在面团放入烤箱之前和之后各喷 1 次蒸气。

法国面包　变化款 2
洋葱培根面包

用法国面包的基础面团搭配煎过的培根及小洋葱，再涂上大量橄榄油，一款香醇的面包就做好了。

[材料]

法国面包的基础面团
培根 150g
（1kg 面团的用量）
黑胡椒（磨碎）3g
（1kg 面团的用量）
小洋葱
橄榄油
帕尔玛奶酪

[准备工作]

·将培根切碎煎熟，除去多余的油脂。
·将小洋葱切成薄薄的圆片。

[做法]

揉面
按照法国面包基础面团的做法（步骤 1~7）制作面团，再加入培根及黑胡椒混合均匀。请参照下面的步骤 A。

第一次发酵
3 小时。90 分钟后要拍打。

分割
分割成各重 120g 的面团。

静置发酵　30~40 分钟。

整形
修整成细长的棍形。

第二次发酵
50~60 分钟。

烘焙
以上火 250℃、下火 220℃ 烘烤 18~20 分钟。请参照下面的步骤 B~D。

A-1

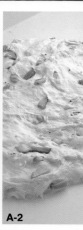
A-2

B-1

B-2

揉面

烘焙

A

将培根、磨碎的黑胡椒加入揉好的面团中，将面团切开后对折，这样反复数次，将材料混合均匀。

B

在面团表面喷水，放上切成薄片的小洋葱 [图 B-1]。用手指按压小洋葱使之固定在面团中 [图 B-2]。

C

涂抹橄榄油。

D

撒上帕尔玛奶酪。以上火 250℃、下火 220℃ 烘烤 18~20 分钟。

法国面包 变化款 3
橄榄面包

每 1kg 面团要放入 300g 橄榄。充足的橄榄搭配经典的法国面包，让人吃起来心满意足。

[材料]

法国面包的基础面团
橄榄 300g
（1 kg 面团的用量）
橄榄油

[准备工作]

· 将橄榄用手掰成两半备用。

[做法]

揉面
按照法国面包基础面团的做法（步骤 1~7）制作面团，再混入橄榄。请参照下面的步骤 A。

第一次发酵
3 小时。90 分钟后要拍打。

分割
分割成各重 100g 的面团。

静置发酵 无。

整形
滚圆。请参照下面的步骤 B。

第二次发酵
50~60 分钟。

烘焙
以上火 250℃、下火 220℃烘烤 22 分钟。喷 2 次蒸气。请参照下面的步骤 C~D。

A-1

A-2

揉面	整形	烘焙	
A	**B**	**C**	**D**
把橄榄混入揉好的面团中，将面团切开后对折，这样反复数次，使材料混合均匀。	在面团一端约 1/4 处涂抹橄榄油，再从没涂橄榄油的那一头卷起，把面团滚圆。将面团的收口（涂橄榄油的那部分）朝下，摆在撒有手粉的帆布上。	面团第二次发酵后的状态。	面团充分膨胀后的状态。将面团收口朝上放在烘焙布上，如果手粉不够可再撒一些。以上火 250℃、下火 220℃烘烤 22 分钟。在面团放入烤箱之前和之后各喷 1 次蒸气。

法国面包 变化款 4
长笛面包

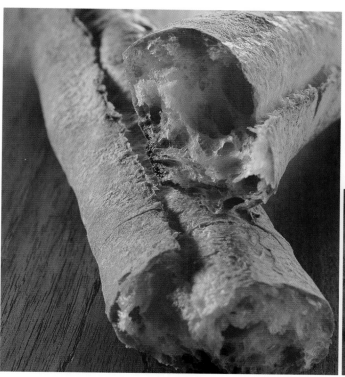

这款美味的面包可以让你享受外皮烘烤过的香酥口感。分割面团时，注意不要损坏面团，要轻轻地滚圆，这是制作这款面包的重点。

[材料]

法国面包的基础面团

[做法]

揉面
按照法国面包基础面团的做法（步骤1~7）制作面团。
第一次发酵
3小时。90分钟后要拍打。
分割
分割成各重200g的面团。请参照下面的步骤A。
静置发酵
30~40分钟。请参照下面的步骤B。
整形
修整成细长的棍形。请参照下面的步骤C。
第二次发酵　50~60分钟。
烘焙
表面撒上少许面粉后，划一道纹路，以上火250℃、下火220℃烘烤23分钟。喷2次蒸气。

A-1

A-2

C-1

C-2

C-3

C-4

分割

A

将第一次发酵后的面团分割成200g的面团（15cm×8cm的长方形）[图A-1]。在工作台上撒面粉，轻轻地将面团向外折起滚圆 [图A-2]。

静置发酵

B

将面团收口朝上，放入撒有手粉的浅盘里，撒上面粉后静置30~40分钟。

整形

C

将面团从外向内卷起[图C-1]。用手掌拍打，排出空气[图C-2]。

再次卷起面团，使空气进入其中 [图C-3]。双手轻按面团、搓长、滚圆，将面团搓成45cm长的棍形 [图C-4]。

法国面包　变化款 5
硬式吐司

制作成山形吐司的法国面包。经过长时间发酵后外皮硬脆、中间绵软，面包内外对比的口感正是其特色。

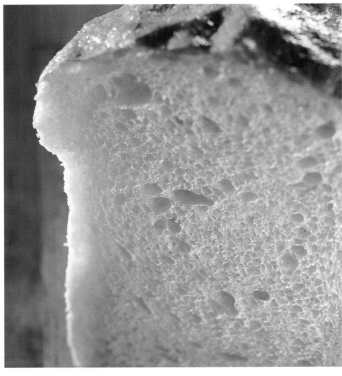

[材料]

法国面包的基础面团

[做法]

揉面
按照法国面包基础面团的做法（步骤 1~7）制作面团。
第一次发酵
3 小时。90 分钟后要拍打。
分割
分割成各重 500g 的面团。
静置发酵
30~40 分钟。
整形
按照吐司面包的制作要领整形（见第 72~75 页），放入模型中。
第二次发酵
50~60 分钟。
烘焙
将烤箱设定为上火 250℃、下火 240℃预热，放入面团后将上火降为 200℃烘烤 40 分钟，再关掉下火烘烤 10 分钟。喷 2 次蒸气。请参照下面的步骤 A~B。

烘焙

A
在面团上喷水，用剪刀将过大的气泡剪破。

B
面团烘烤前的状态。不盖盖子，将面团放入以上火 250℃、下火 240℃预热过的烤箱，将上火降为 200℃烘烤 40 分钟，关掉下火再烘烤 10 分钟。喷 2 次蒸气。

Pain de Campagne

乡村面包

　　乡村面包是天然酵母面包,自然发酵酝酿出独特的酸味,风味和其他面包截然不同。我用的天然酵母面团,是 10 多年前制成的酵母面团加面粉更新的。以下还将介绍乡村面包的4 种变化款面包,每一种均使用水果干为配料。乡村面包的面团味道浓郁,搭配水果干非常合适。

乡村面包　基础型

乡村面包

　　乡村面包源自法国乡村人家烘烤的可长期保存的面包。特征是具有天然酵母的湿软口感及酸味。面包表面有象征基督教的十字形，这样也能使面团烤出理想的裂痕。

[材料]

黑麦全麦粉　350g
中筋面粉　2500g
小麦全麦粉　350g
水　2100g
盐　75g
麦芽糖　2g
天然酵母面团　1250g

揉面温度　　24℃

第一次发酵　　3 小时

静置发酵　　40~50 分钟

第二次发酵　　60~90 分钟

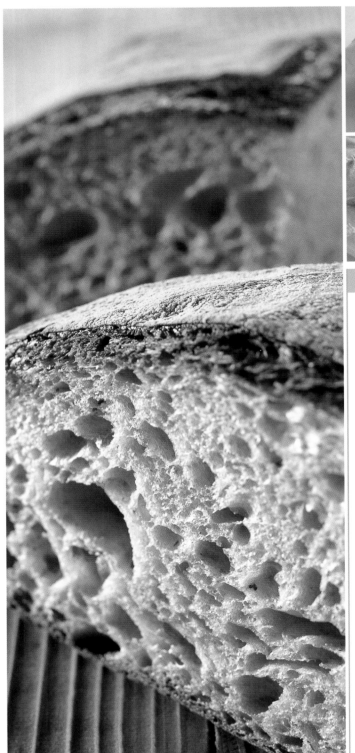

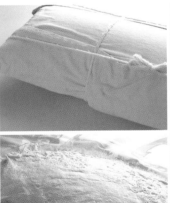

准备工作

1

更新天然酵母面团（以天然酵母面团 50、中筋面粉 100、水 48、麦芽糖 2 的比例放入搅拌机，慢速搅拌 10 分钟），放置一晚。

更新天然酵母面团

前一天将面团更新后备用，可使香味更加浓郁。

如果烘焙当天才更新，要在揉面前的 3 小时预先搅拌好面团备用。（天然酵母面团的做法见第 48 页。）

天然酵母面团质地柔软且有很多气孔。

一晚

00:10:00

2

将面粉和水倒入搅拌机。

观察面团的状态，一边加水一边慢速搅拌 3 分钟。

3

搅拌到图片所示的程度，覆上保鲜膜以免面团表面变干，静置 1 小时。

搅拌

这里采用自然结合法。将面粉与水混合后，放 1 小时再加水搅拌，这样可以使面团的结合状况更好。

注意不要搅拌过度，以免面团发黏。

检查面团的状态

用手抓起面团，如果感觉没有拉力且比较粗糙就可以了。

夏季将面团放入冷藏室，冬季置于常温下保存。

| | 00:03:00 | 01:00:00 |

揉面			第一次发酵

4

将更新后的天然酵母面团、麦芽糖混入静置 1 小时的面团中，搅拌约 3 分钟。

搅拌

5

放盐，再搅拌大约 2.5 分钟。

放盐

后放盐是因为面团放盐后会变硬，因此要在放盐之前就揉好面。

面团搅拌的次数和时间要尽量少且短，这样面包的口感才柔和。

6

能够拉出薄膜即可。

检查面团的状态

取出部分面团，如果能呈现出像纸一样透明的状态即表示揉面完成。

7

将面团放入浅盘中，再放入发酵机中静置 3 小时。图片所示为面团发酵后的状态。

放入发酵机中

将发酵机的温度设为 38℃，湿度设为 65%。

00:03:00	00:02:30		03:00:00

分割	静置发酵	整形	
8	**9**	**10**	
将面团表面撒上面粉，从浅盘中取出，分割成各重1200g的面团。	将面团滚圆并修整表面，收口朝下放入浅盘中，再放入发酵机中静置40~50分钟。	在面团表面及工作台上撒少许面粉，取出面团将收口朝上放置，从面团四周向中心揉推。	将面团的四周向中心推。

分割
分割的次数越少越好。把为了补足重量而加上的小面团放在大面团中间。

尽量不要使用手粉，而且要注意不要让手粉进入面团中。

滚圆、静置
手掌像要把面团托起一样，一边将指尖碰到的面往中间按，一边将整个面团由内向外转，如果有气泡就将它弄破。这款面包很大，因此空气及手粉很容易进入面团中，要特别注意。

如果产生很多气泡而出现发酵过度的情况，只要将面团大略滚圆即可，同时还要缩短静置发酵的时间。

整形

00:40:00

如果第一次发酵过度，就要缩短静置发酵的时间。

继续修整面团，将面团的中心朝下。

向下修整面团的收口。

使面团表面富有弹性且收口朝下。

11

将滚圆的面团收口朝上放入发酵篮中。

最好一边修整面团，一边用手指弄破气泡。用手指将大气泡抓破，再轻轻拍上少许手粉。

放入发酵篮中

我用的是直径30cm的发酵篮。

| 第二次发酵 | 烘焙 |

12

给面团覆上保鲜膜,放入发酵机中静置 60~90 分钟。图片所示为第二次发酵后的面团。用剪刀剪破气泡,再均匀地撒上面粉。

13

将面团收口朝下移至烘焙布上,喷上少许水。撒上面粉后,在面团周围及表面划出纹路,以上火 230℃、下火 230℃烘烤 50 分钟。在面团放入烤箱之前和之后各喷 1 次蒸气。

放入发酵机中

保鲜膜只需轻轻盖上,不必盖得太严。

发酵机设定的状态与第一次发酵相同。

等面团膨胀至发酵篮 80% 的大小即可。

划出纹路

将刀尖垂直朝下,在面团表面划出十字形。再顺着面团的形状在周围划出一条曲线。

| 01:00:00 | 00:50:00 |

如果烘焙的面团较多,可视烤箱的规格将上火设定为 240℃,以同样方式烘烤。

用乡村面包的基础面团制作的 4 种变化款面包

上：红酒面包（见第 45 页）
下：无花果柳橙面包（见第 44 页）

葡萄干面包（见第 47 页）   树枝面包（见第 46 页）

乡村面包　变化款 1
无花果柳橙面包

有重量感又很筋道的一款面包。天然酵母的酸味与水果的芳香融合在一起，令人印象深刻，无花果吃起来也很有弹性。

[材料]

乡村面包的基础面团
半干燥的无花果 300g
（1kg 面团的用量）
柳橙皮（糖渍、切成碎末）100g
（1kg 面团的用量）
橄榄油

[准备工作]

· 洗去柳橙皮的甜味。
· 将半干燥的无花果切碎。
· 用手将无花果及柳橙皮拌匀。

[做法]

揉面
按照乡村面包基础面团的做法（步骤 1~6）制作面团，再混入柳橙皮及无花果。请参照下面的步骤 A。
第一次发酵　3 小时。
分割
分割成各重 100g 的面团。
静置发酵　40~50 分钟。
整形
滚圆。请参照下面的步骤 B~C。
第二次发酵　60~90 分钟。
烘焙
以上火 250℃、下火 220℃ 烘烤 18 分钟。喷 2 次蒸气。请参照下面的步骤 D。

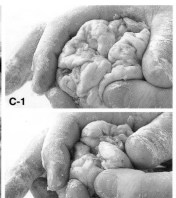

揉面	整形		烘焙

A

将柳橙皮及半干燥的无花果混入揉好的面团中 [图 A-1]。用切面刀切开面团并对折，这样反复数次，将面团与配料混合均匀 [图 A-2]。

B

在面团周围涂抹橄榄油。

C

将面团的四周向中间挤，使皱褶集中在面团中央 [图 C-1]。再把面团整个翻过来，轻轻搓圆。将面团收口朝下，排在撒有面粉的帆布上 [图 C-2]。

D

图中为面团第二次发酵后的状态。将面团收口朝上排在烘焙布上，放入烤箱。在面团放入烤箱之前和之后各喷 1 次蒸气，以上火 250℃、下火 220℃ 烘烤 18 分钟。

乡村面包 变化款 2
红酒面包

散发着葡萄干和蔓越莓的酸味与香气，是极具重量感的面包。红酒的风味非常适合搭配天然酵母面团。

[材料]

乡村面包的基础面团
金色葡萄干、蔓越莓干、蓝莓干
各 150g
（1 kg 面团的用量）
黑醋栗干 75g
（1 kg 面团的用量）
红酒 150g
（1 kg 面团的用量）

[准备工作]

·用红酒腌渍葡萄干、蔓越莓干、蓝莓干、黑醋栗干备用。

[做法]

揉面
按照乡村面包基础面团的做法（步骤1~6）制作面团。将外皮用的面团留出备用，其余面团则混入配料。请参照下面的步骤 A。
第一次发酵　3 小时。
分割　将面团分割成60g外皮用面团和 200g 的内层面团。
静置发酵　40~50 分钟。
整形
将内层面团滚圆，外面裹上外皮用面团。请参照下面的步骤 B~C。
第二次发酵　60~90 分钟。
烘焙
用模型在面团表面做出葡萄酒杯的图案，以上火 250℃、下火 220℃烘烤23 分钟。喷 2 次蒸气。请参照下面的步骤 D。

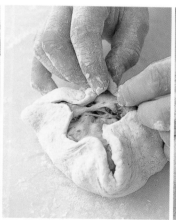

揉面

A

将红酒腌渍过的葡萄干、蔓越莓干、蓝莓干、黑醋栗干加入面团中 [图 A-1]，再放入搅拌机中混合均匀 [图 A-2]。

整形

B

将内层面团滚圆备用。将外皮用面团擀薄，喷上水（使外皮与内层面团粘牢，以免空气进入产生空洞），包住滚圆的内层面团。

C

抓起外皮的四边包住面团，包好后将收口朝下（如果收口朝上烘烤，面包容易烤焦并有苦味）。

烘焙

D

将葡萄酒杯的模型放在面团上，撒上面粉，用筷子在面团上戳一个洞。在面团放入烤箱之前和之后各喷 1 次蒸气，以上火 250℃、下火 220℃烘烤23 分钟。

乡村面包 变化款 3
树枝面包

无花果搭配核桃组成了朴实的风味。制作时，将无花果磨成糊再揉入面团中。

[材料]

乡村面包的基础面团
半干燥的无花果 200g
（1kg 面团的用量）
核桃 100g
（1kg 面团的用量）

[准备工作]

· 将半干燥的无花果磨成糊。

[做法]

揉面
按照乡村面包基础面团的做法（步骤 1~6）制作面团，再混入无花果及核桃。请参照下面的步骤 A~C。
第一次发酵
3 小时。
分割
分割成各重 100g 的面团。
静置发酵　无。
整形
修整成细长的棍形。请参照下面的步骤 D。
第二次发酵
60~90 分钟。
烘焙
将面团收口朝上，在帆布上排好，如果面粉不够就再撒一些。以上火 250℃、下火 220℃烘烤 18 分钟。喷 2 次蒸气。

揉面

A
将磨成糊的半干燥无花果加入面团中，放入搅拌机中搅匀。

B
再加入核桃，大略搅拌一下。

C
搅拌均匀的面团。

烘焙

D
将分割成长方形的面团修整成细长的棍形，并将皱褶集中在收口处（皱褶烘烤后会成为像裂痕一样的纹路）。将收口朝下，放在撒有面粉的帆布上。

乡村面包　变化款 4

葡萄干面包

　　放入大量湿软的葡萄干，散发着香浓甜味的一款面包。制作的重点是在面团中加入水，使口感更柔软。

[材料]

乡村面包的基础面团
金色葡萄干 200g
（1 kg 面团的用量）
黑醋栗干 200g
（1 kg 面团的用量）
水 80ml
（1 kg 面团的用量）

[准备工作]

·用热水将葡萄干、黑醋栗干泡软备用。太软容易碎烂，注意软硬度要适中。

[做法]

揉面
按照乡村面包基础面团的做法（步骤 1~6）制作面团，再混入葡萄干、黑醋栗干。请参照下面的步骤 A~B。
第一次发酵
3 小时。
分割
分割成各重 200g 的面团。
静置发酵
40~50 分钟。
整形
将面团轻轻折起，使收口朝下，修整成 12cm×8cm 的长方形。
第二次发酵
60~90 分钟。
烘焙
在面团的表面撒面粉，划出纹路。以上火 250℃、下火 220℃烘烤 20 分钟。喷 2 次蒸气。

揉面

A

将葡萄干、黑醋栗干和水加入面团中（水的作用见第 7 页）。

B

用搅拌机适度搅拌。

葡萄干面包、红酒面包、无花果柳橙面包在放入烤箱前的样子。

天然酵母面团的制作方法

1

水 600g、蜂蜜 100g（蜂蜜的发酵效果比细砂糖好）、葡萄干 300g。

2

将蜂蜜加入水中，充分搅匀。

3

将葡萄干倒入消毒过的瓶子里，再加入蜂蜜水。

4

盖紧盖子。把瓶子置于15℃~20℃的阴凉处，每天晃动 1 次。

5

4 天后的状态。

6

1 星期后的状态。如果表面出现气泡，葡萄干浮上水面，就是正在发酵。可放入冷藏室保存。

7

将滤网放在盆上，上面再铺上纱布，滤出葡萄干。

8

将葡萄干的水分挤干，制成酵母液。

9

以酵母液的比例为 100，加入中筋面粉 185 及麦芽糖 2 来制作发酵面团，倒入搅拌机中，慢速搅拌 10 分钟。

10

将面团滚圆后放入盆中，覆上保鲜膜，置于室温下（27℃）16 小时。

11

16 小时后的状态。

12

以面团的比例为 100，加入中筋面粉 100、水 50 及麦芽糖 2，倒入搅拌机中慢速搅拌 10 分钟，置于室温下 16 小时。

13

以面团的比例为 100，加入中筋面粉 100、水 50、麦芽糖 2、盐 1，倒入搅拌机中慢速搅拌 10 分钟，置于室温下 16 小时。这样反复 2~3 次，直到面团的 pH 值稳定在 4.0。

14

再以面团的比例为 50，加入中筋面粉 100、水 48，倒入搅拌机中慢速搅拌 10 分钟，置于室温下 3 小时。

15

pH 值稳定后，以面团的比例为 50，加入中筋面粉 100、水 48、麦芽糖 2、盐 1，倒入搅拌机中慢速搅拌 10 分钟，置于室温下 16 小时。

16

观察面团的发酵情况，如果发酵不充分，则重复步骤 15，等待其发酵。在搅拌后的 3 小时之内，可以重复这个步骤，让面团充分发酵。

17

用保鲜膜将面团裹起来，再用帆布紧紧包好，冷藏保存。使用时只要加面粉更新，就可以一直使用下去。

Pain de Seigle

黑麦面包

　　这款面包用黑麦制成，风味朴实。在法国餐厅，只要点到海鲜拼盘或牡蛎，都会随餐附上黑麦面包。黑麦面包容易让人感觉硬且厚重，而太过厚重的口感不符合一般人的口味。因此，我在保留黑麦面包朴实感的同时，将口感改造得更轻软。黑麦面包的基础面团很适合搭配坚果和水果干，而使用春菊烘焙成的变化款面包，也富有新意。

黑麦面包　基础型

天然黑麦面包

　　天然黑麦面包保留了黑麦粉朴实的风味，口感轻软。在制作前一天，先将黑麦粉与水混合，使其吸水备用。这项准备工作可使面团的结合性更佳，增添湿软口感。

[材料]

黑麦全麦粉　1000g
水　1200g
高筋面粉　1250g
水　680~700g
盐　42g
鲜酵母　20g
即发酵母　20g
麦芽糖　5g
维生素C　5g
发酵面团　240g

※制作时用的维生素C是将维生素C粉末（1g）溶于水（200ml）中制成的溶液。

揉面温度　24℃

第一次发酵　50分钟

静置发酵　30分钟

第二次发酵　30分钟

[做法]

准备工作	揉面
1	**2**
将黑麦粉与水混合搅拌后放置一晚，使之充分吸水（夏季需放入冷藏室）。	将全部材料倒入搅拌机中。

搅拌

将面粉与水混合后静置备用，可使面团的pH值下降，结合性变好。此外，还可以防止面团老化，使口感更湿软。长时间静置会使面团的酸味变重，由于面团放1星期就会发酵，所以最好在发酵前使用。

如果没有时间，可用温水与面粉混合，再静置半天以上。

黑麦粉容易使手皲裂，所以最好用橡皮刮刀搅拌。

搅拌

一晚

3

4

5

慢速搅拌 2 分钟,再快速搅拌 3~4 分钟。

搅拌至面团拉出的薄膜厚度一致即可。

将面团移入浅盘中均匀摊平,放入发酵机中静置 50 分钟。

图中为面团第一次发酵后的状态。

检查面团的状态

如果搅拌过度,必须增加面团的整体重量(添加材料),或是缩短第一次发酵的时间,并在面团还未松弛之前进行分割。

放入发酵机中

将发酵机的温度设定为 38℃,湿度设定为 65%。

完成第一次发酵

00:05:00

00:50:00

搅拌过度的面团要缩短静置时间。

分割		静置发酵	

6

在面团的表面撒面粉，将浅盘倒扣过来，将面团移至工作台上，分割成各重 200g 的面团。

分割　将补足重量的小面团放入大面团中。

7

用手掌滚圆面团，两手捧着面团更方便滚圆，并使面团表面绷紧。

滚圆　用手掌将面团滚圆，并使表面绷紧，这样面团表面的弹性比较好。然后将面团收口朝下放置。

8

将面团收口朝下，留出间隔排入浅盘里，放入发酵机中静置30 分钟。

静置　发酵机设定的状态与第一次发酵相同。

9

静置发酵后，在面团的表面撒上面粉。

00:30:00

整形

10

将面团收口朝上放在撒有面粉的工作台上，用手按扁。

拍打面团以排出空气。

将面团竖着放，把离自己较远的一头由外向内折。

再将面团的另一头向外折。

整形

拍打前，先设想成品的形状。拍打时，面团中央的部分要保留一定的厚度。

用手指按压折起的面团两端。

  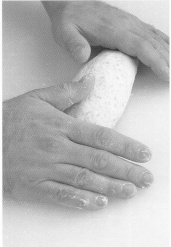 

按压收口处。	用手掌将面团滚圆。	一边滚圆一边使面团更紧实。	将面团修整成中间鼓起，两端尖细的形状。
		收口要一直朝下。	用手掌滚圆面团时，将手的重心放在小指一侧，这样就能轻松用力，将两端揉成尖细的形状。

11

在帆布上撒面粉，排好面团，放入发酵机中静置 30 分钟，进行第二次发酵。

放入发酵机中

将发酵机的温度设定为 38℃，湿度设定为 55%~65%。

12

将面团在烘焙布上排好，借助筛网轻轻撒上面粉。

撒面粉

除了黑麦面包，其他能在同样温度下烘烤的面包，可一起放入烤箱。

把烘烤时间较短的面包摆在靠近烤箱门的位置，烤好后可以先取出来。

13

在面团表面划出纹路。在面团放入烤箱之前和之后各喷一次蒸气，以上火 250℃、下火 220℃烘烤 18 分钟。

划出纹路

图片所示是用刀片的一角抵住面团时的弧度，可根据面团的膨胀情况划出一道曲线。

00:30:00

00:18:00

用黑麦面包的基础面团制作的4种变化款面包

蓝莓杜松子面包（见第61页）   坚果面包（见第60页）

上：春菊面包（见第 62 页）
下：橄榄榛子面包（见第 63 页）

黑麦面包 变化款 1

坚果面包

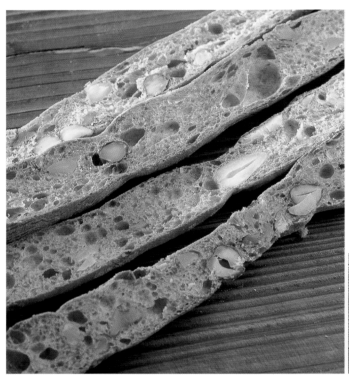

在细长的棍形面包中填满4种坚果。面团越细就越容易烤透，能烘焙出芳香扑鼻又好吃的面包。

[材料]

黑麦面包的基础面团
榛子、核桃、杏仁、腰果
各75g
（1 kg面团的用量）

[做法]

揉面
按照黑麦面包基础面团的做法（步骤1~3）制作面团，再混入坚果。请参照下面的步骤A。
第一次发酵 50分钟。
分割
分割成各重100g的面团。
静置发酵 30分钟。
整形
将面团修整成棍形。请参照下面的步骤B~C。
第二次发酵 30分钟。
烘焙
以上火250℃、下火220℃烘烤14分钟。喷2次蒸气。请参照下面的步骤D。

A-1　A-2

揉面

A

将坚果混入揉好的面团中［图A-1］。用切面刀切开面团后对折，这样反复数次，让坚果与面团混合均匀［图A-2］。

整形

B

用两手将面团滚圆搓长。

C

在帆布上撒面粉，排好面团并将帆布拉近。

烘焙

D

也可变化面团的形状（见材料栏下方的图片）。将面团在烘焙纸上排好，撒上面粉。在放入烤箱之前和之后各喷1次蒸气，以上火250℃、下火220℃烘烤14分钟。

黑麦面包　变化款 2

蓝莓杜松子面包

这是一款掺有蓝莓和杜松子的面包。酸味是它的特色，越嚼越觉得美味。

[材料]

黑麦面包的基础面团
蓝莓干 300g
（1 kg 面团的用量）
杜松子 10g
（1 kg 面团的用量）

[准备工作]

·将杜松子切碎。

[做法]

揉面
按照黑麦面包基础面团的做法（步骤 1~3）制作面团，再混入蓝莓干及杜松子。请参照下面的步骤 A~B。
第一次发酵　50 分钟。
分割
分割成各重 100g 的面团。
静置发酵　30 分钟。
整形
将面团滚圆整形。请参照下面的步骤 C。
第二次发酵　20 分钟。
烘焙
以上火 250℃、下火 220℃烘烤 16~18 分钟。喷 2 次蒸气。

揉面

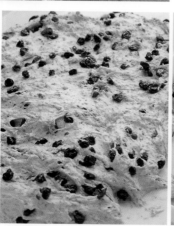

整形

A
将蓝莓干和杜松子混入揉好的面团中。

B
配料混合均匀的面团。

C
图片所示是完成静置发酵后的面团。将面团轻轻折起、滚圆，修整成棍形。

黑麦面包 变化款 3
春菊面包

面包内加入了大量春菊，春菊和黑麦粉的香味非常配。在烘焙的过程中，奶酪会从面团的裂口中渗出来，漂亮的外观会令人食指大动。

[材料]

黑麦面包的基础面团
春菊 100g
（1 kg 面团的用量）
奶酪 150g
（1 kg 面团的用量）

[准备工作]

·将春菊洗净，撕成适当的大
  小备用。

[做法]

揉面
按照黑麦面包基础面团的做法（步骤
1~3）制作面团，再混入春菊和奶酪。
请参照下面的步骤 A。
第一次发酵　50 分钟。
分割
分割成各重 150g 的面团。请参照下
面的步骤 B。
静置发酵　无。
整形
将面团整形。请参照下面的步骤 C。
第二次发酵　30 分钟。
烘焙
以上火 250℃、下火 220℃烘烤 18 分
钟。喷 2 次蒸气。请参照下面的步骤
D。

A-1

A-2

揉面

A

将春菊和奶酪放在揉好的面团上，用切面刀将面团切开后对折［图 A-1］，混合后再切开对折一次，确保春菊与面团混合均匀［图 A-2］。

分割

B

一边撒手粉一边将面团分割成各重 150g 的面团，对折后将收口捏紧。

整形

C

在帆布上撒面粉，将面团收口朝上排在上面。

烘焙

D

将面团收口朝下移至烘焙纸上，在面团表面撒面粉。在面团放入烤箱之前和之后各喷 1 次蒸气，以上火 250℃、下火 220℃烘烤 18 分钟。

黑麦面包　变化款 4
橄榄榛子面包

　　黑麦粉的香气加上橄榄和榛子的口感，组成了这款美味的面包。小巧的三角形和表面的叉子图案别具一格，设计得很巧妙。

[材料]

黑麦面包的基础面团
橄榄 300g
（1kg 面团的用量）
榛子 50g
（1kg 面团的用量）

[做法]

揉面
按照黑麦面包基础面团的做法（步骤 1~3）制作面团，再混入橄榄和榛子。请参照下面的步骤 A。
第一次发酵　50 分钟。
分割
分割成各重 60g 的面团。
静置发酵
30 分钟。请参照下面的步骤 B。
整形
将面团修整成三角形。请参照下面的步骤 C。
第二次发酵　30 分钟。
烘焙
撒上面粉后，以上火 250℃、下火 220℃烘烤 16 分钟。喷 2 次蒸气。请参照下面的步骤 D。

A-1　A-2

揉面	静置发酵	整形	烘焙
A	**B**	**C**	**D**
将橄榄和榛子混入揉好的面团中［图 A-1］。用切面刀切开面团并对折，这样反复数次，使面团与配料混合均匀［图 A-2］。	将面团滚圆后，收口朝下摆在浅盘中，静置 30 分钟。图片所示为静置发酵结束后，面团撒上面粉后的状态。	用手掌将面团压扁，再提起 3 个角往中心折，做成三角形。	在面团上放叉子，撒上面粉后就有了图案。在面团放入烤箱之前和之后各喷 1 次蒸气，以上火 250℃、下火 220℃烘烤 16 分钟。

面包的制作要点（1）

发酵面团

法国面包和黑麦面包所用的发酵面团是指同一类面包的老面团。用发酵面团做面包时，先将发酵面团加入材料中揉匀，再留出部分面团以备下次使用，将剩下的面团与配料混合后置于26℃的环境下3小时即算完成发酵。发酵面团也可放入冷藏室保存备用。

搅拌机的速度

根据搅拌机的容量、型号，或是不同的面团状态，设定的搅拌速度也会有所差异。因此，本书无法标明实际的速度，标出的只是大概的标准，主要还是要根据面团的实际状态来设定搅拌速度。

混合食材的方法

将食材混入面团时要特别注意，尤其是用搅拌机搅拌时容易使食材受损或是出水，面团也会因面筋断裂而导致膨胀状况变差。最好的混合方法是将食材摊在面团上，切开面团对折，这样反复数次。既不会损坏食材，也能将面团与配料混合均匀。

刀片

请准备2片。如果要在不厚的面团表面划出纹路，例如像巴塔面包那样需要细纹的面包（统称为A），就要使用弧度大的新刀片。如果是外皮较厚，内含大量水果干，表面需要深划纹路的面包（统称为B），就要使用弧度较小的刀片。

1片刀片有4个角可以用，在划A类面包时，可以1天使用一边的2个角，隔天再用另一边的2个角。等到4个角都用过，再来划B类面包。

烘焙纸的使用方法

由于烘焙纸很薄，对面包的影响很小，所以，铺上烘焙纸烘烤和直接烘烤的结果基本相同。但将烘焙纸用在以下情况，可以使烘焙工作进行得更顺利。

·避免在移动时使面团受损。例如，如果将皇冠面包放在案板上再移入烤箱，面团会很容易变形。先铺上烘焙纸，再把面团放在上面，就可以直接移动了。至于棍形面包或巴塔面包等，即使放在案板上再移入烤箱，面团也不会受损。

·避免弄脏烤箱内部。例如意式香料面包，由于油、奶酪等食材容易渗出，弄脏烤箱内部，使用烘焙纸就能使收尾工作变得简单轻松。

烘焙后的工作

完成烘焙的面包要放在通风良好的地方。如果通风不好，面包会很快变潮。乡村面包等大面包，必须放2小时，较小的面包也要放30分钟。这是因为，由烤箱拿出的面包，只算完成了8成，烘焙后还要再放一段时间，才算大功告成。

一般人常认为刚出炉的面包最美味，其实这时的面包尚未成熟、难以消化，对身体并不太好。

Pain de mie

吐司面包

外皮香酥、中间湿软，是最理想的吐司面包。如果烘焙不充分，就无法展示其美味，因此吐司面包的制作重点在于慢慢烘烤。我也将介绍在基本的原味面团中加入蔬菜等食材的方形吐司面包，这些变化款面包使原本单纯朴素的吐司面包充满新意。

吐司面包　基础型

吐司面包

　　由于加入了脱脂奶粉、细砂糖、牛奶、奶油等材料，制作时要注意避免面团结块。尤其是奶油的状态，更会影响成品的效果。

[材料]

中筋面粉　1000g
水　650g
盐　20g
鲜酵母　10g
即发酵母　10g
脱脂奶粉　50g
细砂糖　40g
牛奶　200g
奶油（无盐）　60g

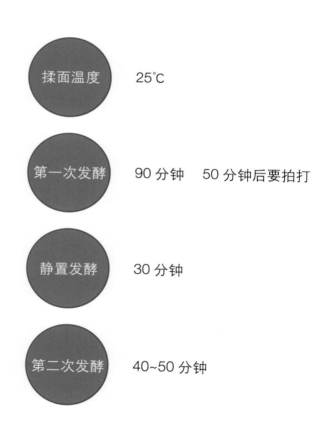

揉面温度　　25℃

第一次发酵　　90 分钟　50 分钟后要拍打

静置发酵　　30 分钟

第二次发酵　　40~50 分钟

揉面

1

用手将面粉和脱脂奶粉搅拌均匀。

加入盐、细砂糖、鲜酵母、即发酵母。

搅拌　先将面粉和脱脂奶粉搅匀，这样不容易结块。

鲜酵母要先搓碎后再加入。

加入水及牛奶,慢速搅拌2分钟,再快速搅拌3分钟。

2

加入奶油

搅拌至8成时,加入奶油。

再慢速搅拌1分钟,快速搅拌1分钟。

搅拌至图片所示的柔滑状态即可。

中途要不时停下搅拌机,将手伸入盆底,检查面团是否结块。

事先拍打奶油以去除黏性。奶油的品质以经过一定程度冷藏,状态柔软的为最佳。

加入奶油后,也要一边搅拌一边检查面团的状态。不时停下搅拌机,用手确认面团的状态。

00:05:00

00:02:00

第一次发酵

3

将面团拉出薄膜,出现边缘光滑的破洞即可。

检查面团的状态

4

将面团移入浅盘里,放入发酵机中静置 90 分钟。图片所示为大约静置 50 分钟后的面团状态。

第一次发酵

将发酵机的温度设定为 38°C,湿度设定为 65%。

5

将面团从发酵机中拿出来,拍打几下。提起面团的四边往中间折,以排出空气。图片中所示是将面团的一边向中间折的状态。

拍打

将面团的四边往中间折,方便排出空气。

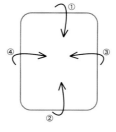

折好后再放入浅盘里,放入发酵机中继续进行第一次发酵。

拍打时,务必使面团的温度保持一致,并让空气进入其中,这样有利于酵母发酵。

01:30:00

00:50:00   拍打

6

完成总计 90 分钟的第一次发酵后的面团。

完
成
第
一
次
发
酵

7

在面团表面撒面粉，将浅盘倒扣过来，取出面团移至工作台上。用切面刀分割成各重450g 的面团，注意不要损坏面团。

分
割

一定要先在工作台上撒面粉。

为了不损坏面团，分割时最好切成大块。

8

将面团竖着放，由内向外卷起来。

滚
圆

不要用力，将面团轻轻滚圆，收口朝下放。

滚圆时注意不要太用力，以免损坏面团。

00:40:00

		静置发酵	整形
		9	**10**
将面团翻过来，还是竖着放，由内向外卷起来，同时将面团滚圆。	轻轻捧起面团，让收口朝下，这时的面团看上去圆鼓鼓的。	将面团收口朝下放入浅盘中，静置发酵30分钟。图片所示为静置发酵后的面团。	在面团表面撒面粉，将面团收口朝上放在工作台上，折叠面团使空气进入其中，再轻轻地滚圆。

静置　　发酵机设定的状态与第一次发酵相同。

整形

00:30:00

   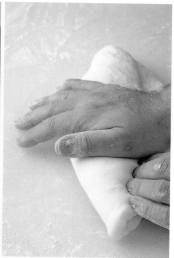

将面团收口朝下放在工作台上，用手掌拍扁以排出空气。

翻面。

再次拍打。

将面团对折，一边折一边用手掌根部按紧。

如果有必要，可使用少许手粉。

注意不要让手粉卷入面团中。

拍打面团以排出空气。	再将面团对折，一边折一边用手掌根部按紧。	将面团竖着放，由内向外卷起来。	一边卷一边按压剩下的面团两端，使其变薄后再卷。
如果有大气泡，一定要弄破。		轻轻地卷起来，不要让面团表面绷紧。	

	第二次发酵	烘焙	
	11	**12**	
修整好形状,使面团表面富有弹性,收口朝下放在工作台上。	将面团放入涂有起酥油的模型中,放入发酵机中静置40~50分钟。	图片所示为面团第二次发酵后的状态。盖上盖子,以上火240℃、下火220℃烘烤40分钟。	完成烘焙。

放入发酵机中

发酵机设定的状态与第一次发酵相同。

将面团放入模型中时,要注意方向。

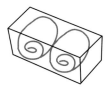

烘焙

烤好后立刻将面包连同模型放在工作台上轻轻敲打,这样可以排出热空气,面包也不会断筋,状态会比较稳定。

烤好后,将面包连同模型倒扣在铺好纸的浅盘里,再去掉模型把面包放凉。

`00:40:00`　　`00:40:00`

用吐司面包的基础面团制作的5种变化款面包

菠菜方形吐司（见第 78 页）　　　　　　　　　　黑芝麻方形吐司（见第 80 页）

南瓜方形吐司（见第 79 页）

上：橙皮吐司面包（见第 81 页）
下：棍形吐司面包（见第 82 页）

吐司面包 变化款 1
菠菜方形吐司

菠菜如果撕得太碎，就会与面团融在一起不好区分。混合面团与食材的要领前面已经介绍（见第 64 页）。

[材料]

吐司面包的基础面团
菠菜 170g
（900g 面团的用量）

[准备工作]

·将菠菜洗净，撕成适当大小。

[做法]

揉面
按照吐司面包基础面团的做法（步骤 1~3）制作面团，再混入菠菜。请参照下面的步骤 A~B。
第一次发酵
90 分钟。50 分钟后要拍打。
分割
分割成各重 535g 的面团。
静置发酵
30 分钟。
整形
按照吐司面包基础面团的做法（步骤 10）整形，将修整好形状的面团放入模型中。
第二次发酵
40~50 分钟。
烘焙
盖上盖子，以上火 240℃、下火 220℃ 烘烤 40 分钟。

揉面

A
将揉好的面团放入浅盘里，把菠菜放在上面。

B
用切面刀将面团切开后对折，这样反复数次，使菠菜与面团混合均匀。

吐司面包　变化款 2

南瓜方形吐司

　　这款面包利用了柳橙皮来凝聚南瓜的甜味。南瓜因季节和种类不同，水分和软硬度也会有所区别，请根据实际情况调整用量。

[材料]

吐司面包的基础面团
南瓜 200g
（900g 面团的用量）
柳橙皮（糖渍、切成碎末）100g
（900g 面团的用量）

[准备工作]

·南瓜去皮、去籽，切成适当
　大小，用竹签串起来蒸熟。

※需根据南瓜的种类和品质来
调整用量。

[做法]

揉面
按照吐司面包基础面团的做法（步骤
1~3）制作面团，再混入南瓜和柳橙
皮。请参照下面的步骤 A~B。
第一次发酵
90 分钟。50 分钟后要拍打。
分割
分割成各重 600g 的面团。
静置发酵
30 分钟。
整形
按照吐司面包基础面团的做法（步骤
10）给面团整形，放入模型中。
第二次发酵
40~50 分钟。
烘焙
盖上盖子，以上火 240℃、下火 220℃
烘烤 40 分钟。

揉面

A

将揉好的面团放入浅盘里，放
上南瓜和柳橙皮。

B

用切面刀将面团切开后对折，
这样反复数次，将南瓜和柳橙
皮混入面团中。

吐司面包 变化款 3
黑芝麻方形吐司

这款吐司面包的特色在于烘焙后的芝麻香味。黑芝麻与面团不用混合得太均匀，只需混合成大理石花纹状即可，这样更能使芝麻的香味散发出来。

[材料]

吐司面包的基础面团
黑芝麻 70g
（1kg 面团的用量）

[做法]

揉面
按照吐司面包基础面团的做法（步骤 1~3）制作面团，再混入黑芝麻。请参照下面的步骤 A~B。
第一次发酵
90 分钟。50 分钟要拍打。
分割
分割成各重 535g 的面团。
静置发酵
30 分钟。
整形
按照吐司面包基础面团的做法（步骤 10）为面团整形，放入模型中。
第二次发酵
40~50 分钟。
烘焙
盖上盖子，以上火 240℃、下火 220℃ 烘烤 40 分钟。

揉面

A

将揉好的面团放入浅盘里，上面放黑芝麻。

B

用切面刀将面团切开后对折，这样反复数次，将黑芝麻混入面团中。（为了使黑芝麻的风味充分发挥出来，只需与面团混合成大理石花纹状即可。）

完成烘焙的吐司面包、菠菜方形吐司、南瓜方形吐司和黑芝麻方形吐司。

吐司面包 变化款 4
橙皮吐司面包

柳橙皮的香味和淡淡的苦味搭配吐司面包的柔和风味，组成了这款独具个性的吐司面包。

[材料]

吐司面包的基础面团
柳橙皮（糖渍、切成碎末）200g
（1kg 面团的用量）

[准备工作]

·将柳橙皮大略清洗、去除甜味后，再洒上柳橙利口酒备用。

[做法]

揉面
按照吐司面包基础面团的做法（步骤1~3）制作面团，再混入柳橙皮。请参照下面的步骤 A~B。
第一次发酵
90 分钟。50 分钟后要拍打。
分割
分割成各重 600g 的面团。
静置发酵
30 分钟。
整形
按照吐司面包基础面团的做法（步骤10）给面团整形，将修整好形状的面团放入模型中。
第二次发酵
40~50 分钟。
烘焙
在面团表面撒面粉。烘焙前先以上火210℃、下火220℃预热烤箱30分钟。在面团放入烤箱之前喷一次蒸气，放入面团后立刻关掉上火，再喷一次蒸气，烘烤30分钟。

揉面

A

将揉好的面团放入浅盘里，放上柳橙皮。

B

用切面刀将面团切开后对折，这样反复数次，将柳橙皮混入面团中。

吐司面包　变化款 5
棍形吐司面包

这款面包咬下去时会发出酥脆的响声。烘焙前涂上橄榄油，就能烤出香酥又富现代感的吐司面包。

[材料]

吐司面包的基础面团
橄榄油

[做法]

揉面
按照吐司面包基础面团的做法（步骤1~3）制作面团。
第一次发酵
90 分钟。50 分钟后要拍打。
分割
分割成各重 100g 的面团。请参照下面的步骤 A。
静置发酵
30 分钟。
整形
将面团修整成长棍形。请参照下面的步骤 B。
第二次发酵
40~50 分钟。
烘焙
以上火 250℃、下火 220℃烘烤 11 分钟。请参照下面的步骤 C。

揉面

A

将分割好的面团轻轻滚圆。

整形

B

用手掌拍打面团以排出空气，再将面团滚圆，修整成长棍形放在烤盘上。

烘焙

C

烘焙前涂上橄榄油，以上火250℃、下火 220℃烘烤 11 分钟。

Focaccia

意式香料面包

据说，意式香料面包原本是比萨饼的雏形。原味的意式香料面包散发着橄榄油的香味和咸味，直接吃就很美味，搭配蔬菜、水果、奶酪等各式食材也别有一番风味。比起其他面包，意式香料面包的制作时间较短，制作方法也相对简单，因此制作出口感好的面团才是努力的目标。

意式香料面包　基础型

迷迭香意式香料面包

　　使用蛋白质含量少的面粉制成有弹性的面团，加上揉入面团中的大量橄榄油的香味，是意式香料面包的魅力所在。下面将介绍在基本的原味面团上面撒迷迭香的迷迭香意式香料面包。

[材料]

中筋面粉　500g
低筋面粉　500g
水　500g
盐　10g
即发酵母　15g
牛奶　150g
橄榄油　100g
迷迭香（干燥）
帕尔玛奶酪

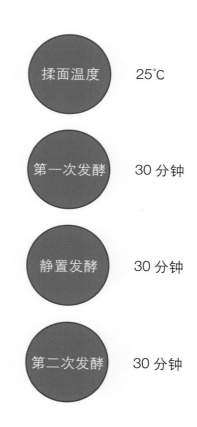

揉面温度　　25℃

第一次发酵　30 分钟

静置发酵　　30 分钟

第二次发酵　30 分钟

准备工作

1

将水、面粉、盐、即发酵母、牛奶倒入搅拌机中。

加入橄榄油。慢速搅拌 2 分钟，快速搅拌 4 分钟。

搅
拌

加
入
橄
榄
油

00:06:00

2

将面团拉出薄膜,出现边缘光滑的圆洞即可。取出面团,放入发酵机中静置 30 分钟,进行第一次发酵。

放入发酵机中　将发酵机的温度设定为 38℃,湿度设定为 65%。

3

在面团表面均匀地撒上面粉,倒扣浅盘取出面团,分割成各重 90g 的面团。

分割　如要制成薄饼式的(见第 84 页上方),则要分割成各重 600g 的面团。

4

将面团由内向外折起来,轻轻地滚圆。

滚圆　用掌心有节奏地将面团滚圆。

5

修整形状,从上方按压面团以排出大气泡。收口朝下,静置 30 分钟。

静置　一定要去掉大气泡。

发酵机设定的状态与第一次发酵相同。

00:30:00　　　　　　　00:30:00

整形	第二次发酵	烘焙	
6	**7**	**8**	**9**
取出面团，用掌心将面团滚圆。	将面团收口朝下放在烤盘上，从上往下轻拍。放入发酵机中再静置 30 分钟，进行第二次发酵。	在面团表面涂抹橄榄油。	撒上迷迭香。
整形 为了使面包的口感香酥筋道，揉面时不要用力，轻轻滚圆即可。 如果要制成薄饼，需要将面团擀成 1.5cm 厚的长方形。	**放入发酵机中** 发酵机设定的状态与第一次发酵相同。	**涂抹橄榄油**	**撒上迷迭香**

00:30:00

10

用筷子等工具在面团上戳洞。

戳洞 在面团上戳洞可使烘
焙后面团的整体高度
更均衡。

11

撒上帕尔玛奶酪。以上火
250℃、下火 220℃烘烤 10 分
钟。

烘焙 如果要烤薄饼，设定
同样的温度烘烤 12 分
钟。

00:10:00

用意式香料面包的基础面团制作的 3 种变化款面包

西兰花面包（见第 93 页）   玛格丽特面包（见第 94 页）

蔬菜面包（见第 92 页）

意式香料面包　变化款 1
蔬菜面包

将多种蔬菜大量卷入意式香料面包的基础面团中，再涂上味道上佳的橄榄油，吃起来鲜嫩又美味。

[材料]

意式香料面包的基础面团
蔬菜 800g
（1 kg 面团的用量）
由下列蔬菜混合而成
　西兰花（盐水煮）
　蚕豆（盐水煮）
　土豆（蒸）
　红薯（蒸）
　南瓜（烤）
　彩色甜椒（烤）
　胡萝卜（糖渍）
帕尔玛奶酪

[准备工作]

·取出部分西兰花和蚕豆留做装饰。
·将盐、胡椒撒在蔬菜上拌匀。

[做法]

揉面
按照意式香料面包基础面团的做法（步骤 1~2）制作面团。
第一次发酵
30 分钟。
分割
分割成各重 1kg 的面团。
静置发酵
30 分钟。
整形
将面团擀成长方形，卷入蔬菜后切成 20 等份。请参照下面的步骤 A~C。
第二次发酵
30 分钟。
烘焙
以上火 250℃、下火 220℃烘烤 13 分钟。请参照下面的步骤 D。

整形

烘焙

A
用手将面团压平擀开后，再擀成 1.5cm 厚的长方形。喷上水，将外侧的一边留出 3cm 左右的空白，其余部分放上蔬菜。

B
由内向外把面团卷起来。

C
将面团切成 20 等份，放入烘焙纸杯中，再放上装饰用的西兰花和蚕豆。

D
在面团表面涂上橄榄油，撒上帕尔玛奶酪，以上火 250℃、下火 220℃烘烤 13 分钟。

意式香料面包　变化款 2
西兰花面包

西兰花是一种非常适合搭配意式香料面包的食材。盐也是面包美味的关键，这里使用的是天然盐。

[材料]

意式香料面包的基础面团
西兰花 200g
（1 kg 面团的用量）
盐

[准备工作]

·将西兰花掰成小朵，用盐水煮一下再切碎。

[做法]

揉面
按照意式香料面包基础面团的做法（步骤 1~2）制作面团，再混入西兰花。请参照下面的步骤 A~B。
第一次发酵
30 分钟。
分割
分割成各重 60g 的面团。
静置发酵　30 分钟。
整形
与基础面团的做法相同，将面团轻轻滚圆。
第二次发酵
30 分钟。
烘焙
以上火 250℃、下火 220℃烘烤 10 分钟。请参照下面的步骤 C~D。

揉面

烘焙

A
将盐水煮过的西兰花混入面团中。用切面刀将面团切开后对折，这样反复数次。

B
食材混合均匀的面团。

C
在发酵后鼓起的面团上涂抹橄榄油。

D
撒上盐，以上火 250℃、下火 220℃烘烤 10 分钟。

意式香料面包　变化款 3

玛格丽特面包

西红柿、罗勒与奶酪是这款面包的基本配料，缺一不可。大量橄榄油更能提升香味。

[材料]

意式香料面包的基础面团
罗勒 15g
（1 kg 面团的用量）
半干燥的西红柿 150g
（1 kg 面团的用量）
奶酪 150g
（1 kg 面团的用量）
帕尔玛奶酪

[做法]

揉面
按照意式香料面包基础面团的做法
（步骤 1~2）制作面团，再混入罗勒、
半干燥的西红柿和奶酪。请参照下面
的步骤 A~B。
第一次发酵　30 分钟。
分割
分割成各重 50g 的面团。
静置发酵　无。
整形
将面团在烤盘上薄薄地摊开。请参照
下面的步骤 C。
第二次发酵　30 分钟。
烘焙
以上火 250℃、下火 220℃烘烤 8 分
钟。请参照下面的步骤 D。

揉面

A
将罗勒、半干燥的西红柿和奶
酪混入揉好的面团中。

B
食材混合均匀的面团。

整形

C
将面团放在烘焙纸上摊成任
意形状，中间略微压扁。

烘焙

D
在面团表面涂上橄榄油，撒上
帕尔玛奶酪。以上火 250℃、
下火 220℃烘烤 8 分钟。

Croissant

可颂面包

  可颂面包可以直接享受到面团的原始风味。特色是将奶油摺入面团中，薄薄擀开后，再将面团折叠数层。其口感会因面团的状态、奶油的分量及折叠次数的不同而有所区别。本书介绍的是口感较扎实的可颂面包的做法。相传可颂面包的发源地是奥土之战中获胜的奥地利的首都维也纳，后来玛丽·安东尼皇后将可颂面包引入了法国。

可颂面包 基础型
尼可拉可颂

同时拥有酥脆的口感和松软的组织，是我独创的面包。

[材料]

中筋面粉　1000g
水　560g
盐　21g
鲜酵母　60g
脱脂奶粉　30g
细砂糖　110g
奶油（无盐）　50g
发酵奶油（摺入油脂）　650g

揉面温度　16℃

发酵　约1小时

揉面

1

用手将面粉与脱脂奶粉拌匀。

加入盐、细砂糖、奶油、鲜酵母。

搅拌

要使用在冷冻室里冰冻过的面粉。

搅拌时要迅速，注意不要使面粉的温度上升。

将奶油冷藏，使其失去黏性再使用。

加入水，慢速搅拌大约 8 分钟。

搅拌后面团的状态。

2

将面团拉出薄膜，出现可以看得见手指的透明薄膜即可。

检查面团的状态

这一阶段的面团温度最好维持在 15℃ 左右，这是最理想的状态。

3

在冷却过的铁盘上撒面粉，放上面团，覆上保鲜膜，放入冷冻室急速冷却，以免面团发酵，冷冻 1~2 小时。

急速冷却

可颂面包的发酵要在整形阶段才进行。为了避免面团在制作过程中发酵，最好将面团急速冷却。其目的在于使面团中心也冷却下来，但注意不要让面团冻住。

00:08:00

01:00:00

4

用擀面杖拍打冷藏备用的发酵奶油并将其擀平。

准备发酵奶油

5

取出冷却的面团，如图片所示将发酵奶油放在上面。

摺入发酵奶油

发酵奶油

面团

将面团的四个角折起，严密地包住发酵奶油。

折起时不要留空隙。

图片所示为折好后的状态。

为了让面团折好后能像图片中那样紧实，在步骤5中必须将奶油放在面团中间。

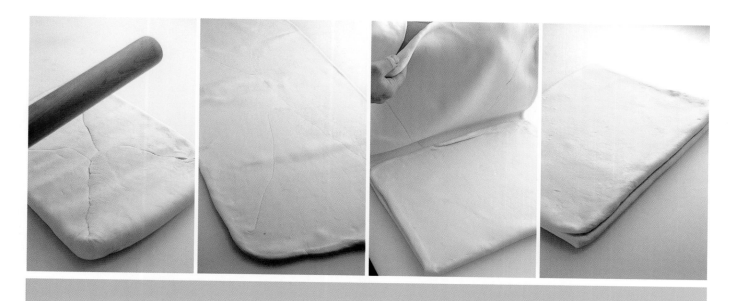

6

用擀面杖从上到下拍打面团，将面团擀开。

擀开面团

不时转动面团，使发酵奶油能均匀融入整个面团中。

7

放在擀面机上，将面团擀成100cm×38cm的长方形。

用擀面机擀开

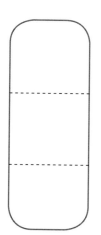

38cm

100cm

8

将长的一边3等分，折成3层。最先折起来的一边要再往回折一点。

折成3层

图片所示为面团折好后的状态。用擀面杖按压4个角，以免面团滑动移位。

为避免空气进入重叠的部分，面团必须折好不留空隙。为使厚度统一，如果一边厚度不够，最好略微往回折一点来增加厚度。

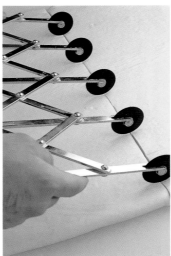

分割

9

再用擀面机擀一次，折成 3 层。最好用擀面杖按压 4 个角，以免面团滑动移位。

图片所示为面团折成 9 层后的状态。覆上保鲜膜，放入冷冻室静置 30 分钟~1 小时。

10

将面团擀成宽约 40cm、厚约 4mm 的长方形，撒上面粉后对折。按照宽度为 36cm 切除多余的部分，将面团从中间切开，成为宽 18cm 的 2 等份。再用设定为 9cm 宽的轮刀在面团上划出痕迹。

面团上留下的刀痕。

再折成 3 层

用擀面杖垂直按压面团的 4 个角，面团才不会滑动移位。

将面团放入冷冻室中急速冷却，但绝不能让面团冻住，否则会破坏面团内部的平衡，弄脏折层。

再次擀开面团，用轮刀划出痕迹

面团擀开后的长度大约是 9cm 的倍数再稍微多一点（多余的部分稍后会切除）。

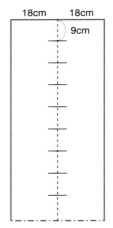

00:30:00

整形

11

将面团切成等腰三角形（底边 9cm × 高 18cm）。由于上下有两层，因此要一片片剥开。

切成等腰三角形

先将多余的面团切除后再切成等腰三角形。

18cm　　18cm

9cm

12

将三角形的尖角放在靠近手边的位置，由外向内卷起来（把三角形的底边卷进里面）。

卷起来

为了使面团的形状更漂亮，注意不要让切面受损（不要碰到切面）。不要卷得太紧或太松，不要撒太多手粉。

用指尖将面团卷起来，同时注意不要碰到切面。

将切好的面团放入冷藏室中备用（不要放入冷冻室），制作时再拿出来。为了避免奶油在制作时融化，卷面团的动作必须要迅速。

将面团一一卷成相同的形状。

	发酵		烘焙
	13	**14**	**15**
图片所示为面团卷完后的样子。	将面团排入烤盘，放入发酵机中静置约 1 小时。	面团发酵后的状态。	在发酵后的面团表面涂抹蛋液。
完成整形	**放入发酵机中** 将发酵机的温度设定为 28℃，湿度设定为 65%。		**涂抹蛋液** 小心不要让毛刷破坏面团的层次。毛刷涂抹的方向要与面团卷起来的方向一致。 

01:00:00

如果前一天就开始准备,完成整形后需立刻将面团放入设定成冷冻状态的面团调整机中。烘焙前 7 小时切换成冷藏状态,烘焙前 3 小时切换成发酵状态。

16

以上火 240℃、下火 200℃ 烘
烤 11 分钟。

完成烘焙。

烘
焙

烤好后，把面包移至架
子上放凉。

00:11:00

用可颂面包的基础面团制作的4种变化款面包

棍形可颂（见第 109 页）

上：梅子可颂（见第 110 页）　　　　　巧克力可颂（见第 108 页）
下：栗子可颂（见第 111 页）

可颂面包 变化款 1
巧克力可颂

内含巧克力的可颂面包极受欢迎。这款面包卷入的是浓稠甘醇的棒状巧克力。

[材料]

可颂面包的基础面团
巧克力

[做法]

揉面、冷却、摺入油脂
按照可颂面包基础面团的做法（步骤1~9）制作面团。
分割
将面团擀成 4mm 厚，分割成 9.4cm×8.5cm 大小的长方形。
整形
包入巧克力，将面团卷成筒状。请参照下面的步骤 A。
静置发酵
约 40 分钟。请参照下面的步骤 B。
烘焙
涂上蛋液，划出切口，以上火 240℃、下火 200℃ 烘烤 11 分钟。请参照下面的步骤 C~D。

整形	发酵	烘焙	
A	**B**	**C**	**D**
用面团卷起棒状的巧克力。这里用的是法国的法芙娜(Valrhona)巧克力。	将面团放在烤盘上，静置大约 40 分钟。	面团发酵后的状态。	涂上蛋液后，用剪刀划出切口，以免面团表面破裂。以上火 240℃、下火 200℃ 烘烤 11 分钟。

可颂面包　变化款 2
棍形可颂

这款可颂面包放入圆筒模型中烘焙成了棍形。烤香的外皮和重叠的薄薄内层，共同组成了香酥的口感。

[材料]

可颂面包的基础面团

[做法]

揉面、冷却、摺入油脂
按照可颂面包基础面团的做法（步骤1~9）制作面团。
分割
将面团擀成 4mm 厚，分割成 30.5cm×9cm 的长方形。
整形
将面团卷起后放入模型中。请参照下面的步骤 A。
静置发酵
约 1 小时。
烘焙
放入以上火、下火 200℃ 预热过的烤箱中，关掉上火，再烘烤 25 分钟。请参照下面的步骤 B~C。

整形	烘焙	
A	**B**	**C**
将面团较长的一边放在靠近手边的地方，由内向外卷起来。再放入涂有油的模型中，喷上水，放入发酵机中。	发酵后将模型的盖子盖上，放入以上火、下火 200℃ 预热过的烤箱中，关掉上火，再烘烤 25 分钟。	打开盖子，如果面包还未呈现烤后的焦黄色，就不盖盖子再烘烤 3~5 分钟，翻面后也以同样方式再烘烤 3~5 分钟。烤好后立刻从模型中取出。

可颂面包　变化款 3
梅子可颂

面团散发着奶油的香味，包裹着杏仁和梅子的香气与酸味。慢慢烘烤是制作梅子可颂的要点。

[材料]

可颂面包的基础面团
杏仁奶油 18g
（1 个面团的用量）
梅子 1 个
（1 个面团的用量）
柳橙皮（糖渍、切成碎末）1g
（1 个面团的用量）
核桃 2 片
（1 个面团的用量）

[做法]

揉面、冷却、摺入油脂
按照可颂面包基础面团的做法（步骤1~9）制作面团。
分割
将面团擀成 4mm 厚，分割成 9cm×9cm 的正方形。
整形
面团表面放上杏仁奶油、梅子、柳橙皮及核桃后包起来。请参照下面的步骤 A。
静置发酵
约 40 分钟。
烘焙
涂上蛋液，以上火 240℃、下火 200℃烘烤 8 分钟，撒上糖粉后再烘烤 2~3分钟。请参照下面的步骤 B。

整形	烘焙
A	**B**
在面团表面放上杏仁奶油、梅子、柳橙皮及核桃，周围涂抹蛋液，将面团对折成三角形，再用手指将边缘压紧、不要留缝隙。	表面涂抹蛋液，以上火 240℃、下火 200℃ 烘烤 8 分钟。从烤箱中取出后撒上糖粉，再放入烤箱烘烤 2~3 分钟。

可颂面包　变化款 4
栗子可颂

由于使用了有点重量的栗子,这款面包的口感不同于包裹奶油的可颂面包,不过也需要慢慢烘焙。

[材料]

可颂面包的基础面团
煮栗子 2 个
(1 个面团的用量)
栗子糊

[做法]

揉面、冷却、摺入油脂
按照可颂面包基础面团的做法(步骤 1~9)制作面团。
分割
将面团擀成 4mm 厚,分割成 9cm × 9cm 的正方形。
整形
将面团表面放上栗子糊和栗子包起来。请参照下面的步骤 A。
静置发酵
约 40 分钟。
烘焙
涂上蛋液,以上火 240℃、下火 200℃ 烘烤 12 分钟,再涂上亮面果胶。请参照下面的步骤 B~C。

整形

烘焙

A

在面团的一条对角线上放栗子糊和栗子,再将剩余的两个角捏起来,用切掉的的面团做绳子,在中间打一个结。

B

涂抹蛋液(不要涂到栗子上)。

C

以上火 240℃、下火 200℃ 烘烤 12 分钟,烤好后涂上亮面果胶。

面包的制作要点（2）

奶油·亮面果胶·甜糊的材料表

主厨奶油

牛奶　4L
全蛋　1080g
细砂糖　1000g
玉米粉　440g
香草豆荚　1根
香草精　5ml
鲜奶油　920ml

亮面果胶

水　4L
杏果酱　400g
细砂糖　500g
明胶粉　300g

肉桂糊

糖粉　250g
肉桂粉　25g
可可粉　5g
蛋白　65g

特制甜糊

生杏仁酱　1kg
细砂糖　1kg
奶油　1kg
覆盆子酱　500g

杏仁奶油

奶油　1kg
糖粉　1kg
鸡蛋　16个
杏仁粉　1kg
低筋面粉　500g
香草豆荚　1根

栗子糊

白芸豆馅　1kg
栗子酱　1kg
朗姆酒　100g
鸡蛋　3个

开心果奶油

杏仁奶油　500g
开心果酱　30g

Danoise

丹麦面包

可以当成"容器"搭配各式食材的一种面包。有些面包店制作丹麦面包时，在面团中摺入了奶油。本书使用的是人造奶油(margarine)。人造奶油的味道较奶油更清爽，也能充分提升食材的味道及香气。丹麦面包的面团可以与水果、奶油酱、坚果、巧克力、红豆馅等食材搭配组合，变化无穷。

丹麦面包　基础型
丹麦面包

　　在充分冷却的面团中摺入人造奶油，人造奶油可以直接使用，不用像奶油那样去除黏性。将面团切成正方形后，包起可以调味的特制甜糊再烘烤。

[材料]

中筋面粉　　600g
高筋面粉　　400g
水　　340g
盐　　10g
鲜酵母　　50g
脱脂奶粉　　50g
细砂糖　　100g
鸡蛋5个　　（250g）
人造奶油（摺入油脂）　　750g

特制甜糊
主厨奶油
杏仁片
橘子皮

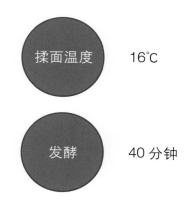

揉面温度　　16℃

发酵　　40分钟

揉面

1

用手将面粉与脱脂奶粉拌匀，加入鸡蛋。
加入盐、细砂糖、鲜酵母、水。

搅
拌

冷却～摺入油脂

慢速搅拌 3 分钟,将材料大略混合。

2

将面团拉出薄膜,靠近手指的地方出现破洞即可。

检查面团的状态

面团最好不要黏性太强,因此不要过度搅拌。

3

在冷却过的铁盘上撒面粉,再将面团放在上面擀开。覆上保鲜膜,放入冷冻室静置 1~2 小时。

急速冷却

4

将冷却后的面团取出,如图片所示放上人造奶油。

摺入人造奶油

人造奶油和奶油不同,不需要拍打擀开。

00:03:00

01:00:00

将面团的四个角向中间折,紧紧裹住人造奶油。

注意不要使面团重叠的部分过多。

裹好后的面团状态。

5

用擀面机擀平。

用
擀
面
机
擀
平

6

将面团折成3层。最先折起来的一边要再往回折一点。注意不要使空气进入折好的面团中,并将两侧对齐折好。

折
成
3
层

最先折起来的一边之所以要往回折,是因为擀开面团的力量会使面团的边缘变薄。往回折一点可使面团厚度一致,防止空气进入。

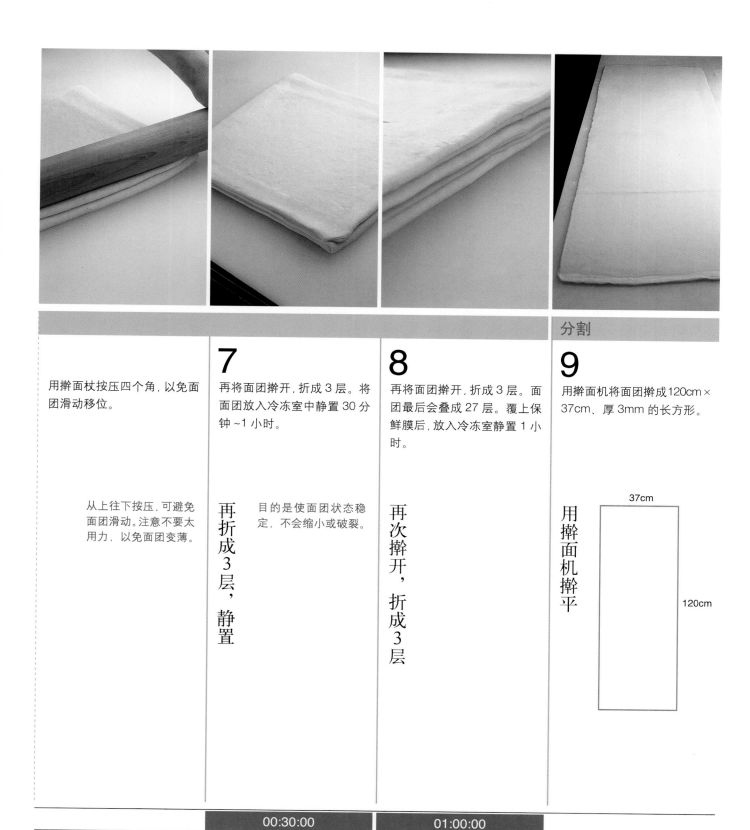

分割

用擀面杖按压四个角，以免面团滑动移位。

从上往下按压，可避免面团滑动。注意不要太用力，以免面团变薄。

7

再将面团擀开，折成 3 层。将面团放入冷冻室中静置 30 分钟~1 小时。

目的是使面团状态稳定，不会缩小或破裂。

再折成3层，静置

8

再将面团擀开，折成 3 层。面团最后会叠成 27 层。覆上保鲜膜后，放入冷冻室静置 1 小时。

再次擀开，折成3层

9

用擀面机将面团擀成120cm×37cm、厚3mm 的长方形。

用擀面机擀平

37cm

120cm

00:30:00　　　01:00:00

10

将面团切成9cm宽的长方形。

11

将切好的面团叠放,切除多余的部分后,再切成 9cm×9cm 的正方形。

12

在正方形面团的中心放上特制甜糊。

将面团的四个角往中间折。

切开

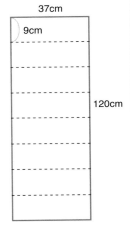

37cm

9cm

120cm

将面团叠放,切成正方形

将 2~3 片面团叠起来,撒上手粉以免面团粘连。切开时要小心,不要让面团滑动移位。

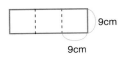

9cm

9cm

包甜糊

也可包杏仁酱,或是不包任何馅料。这里包的是用覆盆子酱制成的特制甜糊。

将切好的面团放入冷藏室中备用(不要放入冷冻室),制作时再拿出来。为避免人造奶油在制作过程中融化,折面团的动作必须迅速。

为了使面团的形状漂亮,需注意不要让切面受损(不要碰到切面)。

将面团的中心压实。

折好的面团。

13

将面团放在烤盘上，发酵 40 分钟。

14

发酵后的面团。

完成整形

放入发酵机中

将发酵机的温度设定为 28℃，湿度设定为 65%。

00:40:00

如果前一天就开始准备，完成整形后需立刻将面团放入设定成冷冻状态的面团调整机中。烘焙前 7 小时切换成冷藏状态，烘焙前 3 小时切换成发酵状态。

烘焙

15

在发酵后的面团表面涂抹蛋液。

涂抹蛋液

小心不要让毛刷破坏面团的层次，用毛刷由外往内涂抹。

16

用手指将面团中心压出一个洞。

烘焙前的加工

将主厨奶油挤入洞中。

这里使用的主厨奶油与制作甜点用的主厨奶油不同，而且不同的面包也会用不同配方的主厨奶油。

撒上杏仁片。

在烘焙前撒上细砂糖。

17

以上火 240℃、下火 200℃烘烤 12 分钟。

烘焙

18

烤好后涂上亮面果胶。

涂抹亮面果胶

19

撒上橘子皮作为装饰。

撒橘子皮

将橘子皮风干后，放入搅拌机中搅碎再使用。也可撒上切碎的开心果，或是不撒任何东西。

00:12:00

用丹麦面包的基础面团制作的5种变化款面包

煮豆奶油葡萄丹麦（见第 128 页）

上：树桩丹麦（见第 126 页）
下：水果圆筒丹麦（见第 129 页）

上：蹦蹦丹麦（见第 132 页）
下：雪可拉丹麦（见第 130 页）

树桩丹麦

在面团表面放上大量的坚果，卷成漩涡状再切开，烘焙之后便形似树桩。这款面包的味道芳香甜蜜，极受欢迎。

[材料]

丹麦面包的基础面团
肉桂糊
杏仁奶油 75g
（1 个面团的用量）
榛子（烤过）55g
（1 个面团的用量）
杏仁片
（烤过）55g
（生）115g
（1 个面团的用量）
柳橙皮（糖渍、切成碎末）40g
（1 个面团的用量）
细砂糖
肉桂味翻糖（fondant）
核桃

[准备工作]

· 制作肉桂糊。
· 将柳橙皮大略洗去甜味后备用。

[做法]

揉面、冷却、摺入油脂
按照丹麦面包基础面团的做法（步骤 1~8）制作面团。
分割
将面团擀成 3mm 厚，再切成 56cm × 20cm 的长方形。
整形
在面团上涂肉桂糊、杏仁奶油，放上杏仁片（生）以外的坚果和柳橙皮，卷起后切成 8 等份。摆好后，在面团上撒杏仁片（生）。请参照右面的步骤 A~E。
静置发酵
约 1 小时。
烘焙
撒上细砂糖，以上火 240℃、下火 200℃烘烤 13 分钟。最后再加翻糖及核桃装饰。请参照下面的步骤 F~H。

整形

A

将面团较短的一端留下大约 3cm 的空白，其余部分涂上肉桂糊及杏仁奶油，放上榛子、柳橙皮、杏仁片（烤过）。

B

以没有放食材的一端为终点，从另一端开始卷面团。

烘焙

C

将卷完的面团收口朝下放，切成 8 等份。

D

将面团的切面朝上，放在铺有烘焙纸的烤盘上，喷上水，将面团用手掌压平。

E

撒上杏仁片（生），放入发酵机中静置 1 小时。

F

在发酵后的面团表面撒细砂糖，以上火 240℃、下火 200℃ 烘烤 13 分钟。

G

烤好后，淋上肉桂味的翻糖。

H

撒上核桃作为装饰。

丹麦面包　变化款 2
煮豆奶油葡萄丹麦

用主厨奶油将煮豆及丹麦面包的面团合二为一，展现新风味。

[材料]

丹麦面包的基础面团
主厨奶油 236g
（1 个面团的用量）
朗姆葡萄干（用朗姆酒泡过）
27g
（1 个面团的用量）
金时豆（加糖煮熟）116g
（1 个面团的用量）
红小豆（加糖煮熟）207g
（1 个面团的用量）
豌豆（加糖煮熟）50g
（1 个面团的用量）

[准备工作]

·制作主厨奶油。

[做法]

揉面、冷却、摺入油脂
按照丹麦面包基础面团的做法（步骤 1~8）制作面团。

分割
将面团擀成 3mm 薄，再切成 38cm×14cm 及 38cm×13cm 的长方形。

整形
在面团上涂抹主厨奶油，放上朗姆葡萄干和豆子，再盖上网状的面团。请参照下面的步骤 A~B。

静置发酵 约 1 小时。

烘焙
涂抹蛋液。放入以上火 240℃、下火 200℃ 预热的烤箱中，关掉上火，以下火 210℃ 烘烤 15 分钟。最后再涂抹亮面果胶，撒上糖粉做装饰。请参照下面的步骤 C~D。

  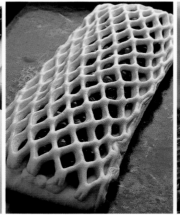 

整形

A
用拉网刀将 38cm×13cm 的面团切成网状。

B
在 38cm×14cm 的面团上涂抹主厨奶油，放上朗姆葡萄干、金时豆、红小豆、豌豆，再将卷在擀面杖上的网状面团盖在上面，将面团移至烤盘上静置。

烘焙

C
在发酵后的面团上涂抹蛋液，放入以上火 240℃、下火 200℃ 预热过的烤箱中，关掉上火，以下火 210℃ 烘烤 15 分钟。

D
烤好后立刻在表面涂抹糖汁。将热的亮面果胶淋入网状表面的空隙中（与豆类等食材融合），再将略微冷却的亮面果胶涂在表面上。切开面包后再撒上糖粉。

丹麦面包 变化款 3
水果圆筒丹麦

这款丹麦面包可放多种水果,是店里的招牌面包,使用的水果会随季节更换为应季品种。

[材料]

丹麦面包的基础面团
主厨奶油
洋梨
梅子
杏
A
  草莓
  覆盆子
  樱桃
  红醋栗
  蓝莓
  猕猴桃果酱
细叶芹 (chervil)

[做法]

揉面、冷却、摺入油脂
按照丹麦面包基础面团的做法(步骤 1~8)制作面团。

分割
将面团擀成 3mm 厚,再切成 14cm × 5cm 大小。

整形
将主厨奶油挤在面团上。请参照下面的步骤 A~B。

静置发酵
约 40 分钟。

烘焙
涂抹蛋液,以上火 240℃、下火 200℃ 烘烤 8 分钟。放上 A 以外的水果烘烤 3~4 分钟,再将水果 A 和细叶芹放在上面即可。请参照下面的步骤 C~D。

  A-1 A-2    D-1  D-2

整形

A

抓起面团的两边,捏成棍形。

B

将面团放在烤盘上,涂抹蛋液,用手指按出凹槽(一边喷水一边按)[图 A-1]。将主厨奶油挤入凹槽中 [图 A-2]。

烘焙

C

以上火 240℃、下火 200℃ 烘烤 8 分钟。从烤箱中取出,放上洋梨、梅子、杏。这时要先预留放水果 A 的空间。再烘烤 3~4 分钟。

D

烤好后放上水果 A [图 D-1]。将热的亮面果胶淋入水果之间,再将大量略微冷却的亮面果胶涂抹在表面上 [图 D-2]。最后饰以细叶芹即可。

丹麦面包　变化款 4

雪可拉丹麦

按照卷寿司的方法将巧克力及柳橙皮卷入面团中。烤好后放上糖煮杏仁以增添香气。

[材料]

丹麦面包的基础面团
主厨奶油 20g
（1 个面团的用量）
巧克力片 20g
（1 个面团的用量）
柳橙皮（糖渍、切成碎末）40g
（1 个面团的用量）
杏仁奶油
杏仁片（生）
糖煮杏仁
开心果

[糖煮杏仁的做法]

将砂糖倒入平底锅内加热，放入事先烤过并切成两半的杏仁，让杏仁表面均匀地裹上糖浆。

[做法]

揉面、冷却、摺入油脂
按照丹麦面包基础面团的做法（步骤 1~8）制作面团。
分割
将面团切成 35cm × 20cm 的长方形。
整形
在面团上涂抹主厨奶油，放上巧克力片和柳橙皮卷起来，切开后放入烘焙纸杯中。请参照下面的步骤 A~C。
静置发酵
约 50 分钟。
烘焙
涂抹蛋液，在面团中间压出凹槽，放上杏仁奶油和杏仁片，撒上细砂糖。以上火 240℃、下火 200℃烘烤 11 分钟。烤好后放糖煮杏仁，再撒上开心果即可。请参照下面的步骤 D~J。

整形

A

在面团较长的一边预留 3cm 左右的空白，其余部分涂上主厨奶油，撒上巧克力片和柳橙皮，从有食材的那一边卷起。

B

将面团收口朝下放，切成 5cm 长的小面团，将中间部分往下压。

130

烘焙

C

将面团放入烘焙纸杯中，排在烤盘上。

D

在发酵后的面团上涂抹蛋液，喷上水。

E

用手指在面团中央撑开一定的空隙。

F

放入杏仁奶油条，使其固定在空隙中。

G

撒上杏仁片。

H

在放入烤箱前撒上细砂糖。

I

以上火 240℃、下火 200℃烘烤 11 分钟。烤好后，用叉子或汤匙将热的糖煮杏仁放在上面。

J

趁热再撒上开心果。

丹麦面包　变化款 5
蹦蹦丹麦

这是一款颜色鲜艳、引人注目的面包。丹麦面包的面团会使开心果更加美味。

[材料]

丹麦面包的基础面团(可使用切去的多余面团)
开心果奶油
杏仁利口酒糖汁
开心果

[准备工作]

· 制作开心果奶油。
· 将开心果切成细末。

[做法]

整形
将丹麦面包切下的多余面团揉在一起,再擀开用模具切成圆形,放入烘焙纸杯中。请参照下面的步骤 A。

静置发酵
约 50 分钟。

烘焙
涂抹蛋液,放入开心果奶油,撒上细砂糖。以上火 240℃、下火 200℃烘烤 11 分钟。涂抹糖汁及亮面果胶,再撒上开心果即可。请参照下面的步骤 B~D。

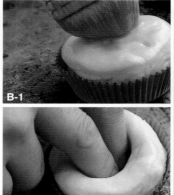

整形	烘焙		

A

将切下的面团揉在一起,用擀面机擀成 10mm 厚的面片,用直径 6.3cm 的圆形模具切出圆形面团。将切好的面团放入烘焙纸杯中静置 50 分钟。

B

涂抹蛋液 [图 B-1]。在手上喷水,用手指在面团中央挖一个洞 [图 B-2]。

C

将开心果奶油放入洞中,用手压实后,撒上细砂糖。

D

以上火 240℃、下火 200℃烘烤 11 分钟。烤好后立刻涂抹杏仁利口酒糖汁 [图 D-1]。再涂抹略微冷却的亮面果胶,撒上开心果 [图 D-2]。

法国面包 *Pain Traditionnel*

奶酪面包
加工奶酪

法露米面包
土豆、培根、欧芹

雏菊面包

烟袋面包

双胞胎面包

红薯面包
糖煮红薯

乡村面包 *Pain de Campagne*

克洛长棍面包

小乡村面包

水果长棍面包
半干燥的无花果、梅子、杏、葡萄干、香蕉

黑麦面包 *Pain de Seigle*

有机面包

葡萄柚黑麦面包
糖渍葡萄柚皮

橙皮坚果面包
核桃、糖渍柳橙皮、生姜

七彩面包

黑醋栗、蔓越莓、蓝莓、
糖渍柳橙皮、葡萄干、核桃、杏

核桃黑麦面包

核桃

无花果黑麦面包

半干燥的无花果、藏茴香

吐司面包 *Pain de mie*

橙皮吐司汉堡

糖渍柳橙皮、白柑香酒（triple sec）

胡萝卜吐司卷

糖渍胡萝卜

黑八宝吐司

黑八宝

葡萄干香料面包

金色葡萄干、肉桂、小豆蔻

意式香料面包 *Focaccia*

蔬菜咖喱面包

蔬菜咖喱

卡门贝尔奶酪面包

普罗旺斯综合香草、卡门贝尔奶酪

艾米莉面包

南瓜肉酱、戈根索拉奶酪、南瓜

可颂面包 *Croissant*

香草风味奶油面包

主厨奶油

帕尔玛可颂

糖煮香蕉可颂

糖煮香蕉、榛子

什锦水果可颂

香蕉等水果、主厨奶油

古沙可

法式吐司、杏仁、奶油马卡龙、主厨奶油

草莓丹麦

草莓、樱桃、主厨奶油

洋梨橙皮丹麦

洋梨、柳橙皮、巧克力、主厨奶油

梅干苹果丹麦

苹果、梅干、柳橙果酱、主厨奶油

枇杷丹麦

洋梨、枇杷、巧克力酱、主厨奶油

核桃巧克力丹麦

核桃酱

南瓜丹麦

奶油奶酪、南瓜、黑胡椒

冰卡布奇诺丹麦

奶油奶酪、咖啡、蛋白霜、主厨奶油

核桃栗子丹麦

红豆馅、栗子、核桃

水果四品丹麦

洋梨、草莓、梅子、杏

水果奶酪丹麦

奶油奶酪、黑莓、红醋栗、主厨奶油

热带菠萝丹麦

菠萝、红醋栗、猕猴桃

图书在版编目(CIP)数据

面包教科书：基本面包烘焙秘籍 ／ （日）西川功晃
著；赵可译. —2版. —海口：南海出版公司，2013.9
ISBN 978-7-5442-6675-8

Ⅰ.①面… Ⅱ.①西…②赵… Ⅲ.①面包－烘焙
Ⅳ.①TS213.2

中国版本图书馆CIP数据核字(2013)第186757号

著作权合同登记号　图字：30-2009-103
PAN NO KYOUKASHO
© TAKAAKI NISHIKAWA 2004
Originally published in Japan in 2004 by ASAHIYA SHUPPAN CO., LTD..
Chinese translation rights arranged through DAIKOUSHA INC., KAWAGOE.
All rights reserved.

面包教科书：基本面包烘焙秘籍

〔日〕西川功晃 著

赵可 译

出　　版　南海出版公司　(0898)66568511
　　　　　海口市海秀中路51号星华大厦五楼　　邮编 570206
发　　行　新经典文化有限公司
　　　　　电话(010)68423599　邮箱 editor@readinglife.com
经　　销　新华书店

责任编辑　侯明明 崔莲花
装帧设计　徐　蕊
内文制作　李艳芝

印　　刷　北京朗翔印刷有限公司
开　　本　889毫米×1194毫米　1/16
印　　张　8.5
字　　数　120千
版　　次　2010年2月第1版　2013年9月第2版
　　　　　2013年9月第3次印刷
书　　号　ISBN 978-7-5442-6675-8
定　　价　49.00元

日本、韩国、新加坡、中国台湾和香港
专业面包师烘焙教科书

　　亲手做面包的过程充满了期待与惊喜。称量原料、揉面、发酵、整形、烘
烤……普通的面粉就在你手中变成了充满生命力的组织，呈现出多层次的风味
和口感。

　　面包师要做的就是用自然的方法最大限度地唤醒谷物沉睡的活力和蕴藏
在其中的丰富味道。日本面包大师西川功晃在书中详细介绍了法国面包、乡
村面包、黑麦面包、吐司、可颂等7种面包的做法，同时将不同的食材与基本
面团搭配，延伸出无限变化。他手中的面包借鉴了传统日式料理和西式甜点
的做法，散发着谷物自身的香甜味道，让人耳目一新。

　　烘焙面包的乐趣在于无穷无尽的变化。每个烘焙过程都是一次充满新意
和期待的幸福之旅。一起来享受这无限美妙的烘焙时光吧。

ISBN 978-7-5442-6675-8

定价 49.00元